SAMI EL AYACHI
RENÉE HERRNKIND

LEINEN FÜHRIG KEIT

Der orientierte Hund

KOSMOS

INHALT

AUF DEM WEG ZUR LEINEN-FÜHRIGKEIT

GEMEINSAM DURCH DEN ALLTAG

Es ist eine immense Leistung von unseren Hunden, wenn sie bei all dem Trubel mit uns Menschen im Gespräch bleiben.

Wenn euch viel mehr verbindet, als die Leine

Ein wunderschönes Bild: Zwei- und Vierbeiner bewegen sich in perfekter Harmonie synchron von A nach B, unbeeindruckt von all dem, was um sie herum passiert – verbunden mit weit mehr als den anderthalb Metern Leine.

DAMIT DU FAIR BIST: ERKLÄREN, ÜBEN, ETABLIEREN

Fair ist, nichts zu verlangen, was nicht erklärt und geübt wurde, und zwar so, dass der Hund das verstehen konnte und verinnerlicht hat. Körpersprachlich sauber arbeiten, Bewegungsabläufe etablieren, um lesbar und einschätzbar zu sein – nur so kann der Mensch Orientierung geben und eine Gemeinschaft mit seinem Hund aufbauen, die dank Vertrauen und Verlässlichkeit eine stabile Basis hat.

Die meisten Hunde-Menschen tragen solch ein Idealbild in ihrem Herzen. Viele sind allerdings überzeugt, damit klarkommen zu müssen, dass ihr Hund nach seiner eigenen Nase an der Leine herumtanzt. Zieht deine Lotta oder dein Leo von rechts nach links und agiert ohne Abstimmung mit dir? Hier wirst du lernen, wie das harmonische Zusammenspiel eurer Schritte gelingt, für das du Raum, Rhythmus, Stimmung und Richtung vorgibst.

Doch Führen ist anspruchsvoll. Folgen auch. Und wie immer im Leben, beginnt der Weg zum Ziel mit dem ersten Schritt, der meist einfacher ist als gedacht. Entscheidend ist, du musst ihn gehen – gemeinsam mit deinem Hund. Dabei kannst du neue Fähigkeiten entwickeln und deine Kompetenz sichtbar machen. Wer sich die Grundlagen für den harmonischen Tanz an der Leine erarbeitet, kommuniziert fair und glaubwürdig mit seinem Vierbeiner. Fairness besteht nicht zuletzt auch darin, für den anderen lesbar und einschätzbar zu sein, eben nicht willkürlich. So kann die Orientierung am Menschen freudig gelingen, wenn jeder weiß, woran er ist. Und es ist wunderschön, wenn man miteinander gut im Gespräch ist.

1

2

DAMIT ORIENTIERUNG GELINGT

Wir erwarten von unseren Hunden, dass sie sich bereitwillig an uns Menschen orientieren. Aber was verlangen wir da eigentlich von unseren Freunden auf vier Pfoten? Und was tun wir, um diesem Anspruch gerecht zu werden? Orientierung ist gleichermaßen mentale wie sinnliche Aufgabe. Hunde sind perfekt dafür ausgestattet, sich über Nase, Ohren und Augen – sowohl im Nahbereich als auch weiträumig – zurechtzufinden. Sie wissen stets sehr genau, wo sie sich befinden und was um sie herum wo passiert. Sie führen uns ein Stück weit zum Ursprung des Wortes: dem Orient, also dahin, wo die Sonne aufgeht. Für Hunde geht „die Sonne auf", wenn in der Ferne ein paar Rehe kreuzen, auf der Wiese ein Hase davonhoppelt, ein Mensch mit Leckerli lockt oder am nächsten Busch die uringetränkte Nachricht des Lieblingsfeindes wartet. Sie sind seit Jahrhunderten Künstler der Orientierung, der feinen Wahrnehmung ihrer Umgebung.
Und dann kommen wir Menschen ins Spiel und wollen die alles überstrahlende Sonne im Hunde-Kosmos sein, der Fixstern für den Vierbeiner. Wir erwarten, dass der als Traber geborene Hund sich unserem gemächlicheren Schritt anpasst. Das Tier soll all die Informationen ausblenden, die als verführerischer Duft, Bewegungsreiz oder alarmierendes Geräusch bei ihm landen. Wenn wir die Orientierung des Hundes am Menschen fordern, müssen wir sie zunächst gezielt fördern. Bis ein fragender Blick in unser Gesicht verinnerlicht und das reflexartig eigenständige Reagieren auf Angebote von außen überwunden sind, braucht es kontinuierliche Arbeit an den Grundlagen der Beziehung. Erst wenn die Basis stabil ist, können Hund und Mensch die gewonnene Freiheit miteinander leben.

Die Orientierung des Hundes am Menschen verschafft Sicherheit für jede Lebenslage. Wer sie aufbaut, wird seiner Verantwortung als Hunde-Mensch gerecht.

3

4

1–4 Wenn in alltäglichen Situationen die Leine zur Nebensache wird, weil Ansprache und Führung des Menschen die freudige Orientierung des Hundes am Zweibeiner hervorrufen, kann man sich über diese Verbindung einfach nur freuen.

Kooperationsbereitschaft nutzen

Für Menschen mit Hunden gilt deshalb, genau die Fähigkeiten zu entwickeln, die den Vierbeiner davon überzeugen, dass Zugewandtheit und Orientierung das gemeinsame Leben einfacher und vor allem schöner machen. Wie schön, dass die meisten Hunde Kooperationsbereitschaft mitbringen. Dieses genetische Erbe hat ihnen in der Evolution das Leben als Rudeltier ermöglicht. Wir können also an das anknüpfen, was auch im Rudel gilt: **Regeln, die das Leben sicherer machen, werden erklärt, etabliert und durchgesetzt.** Diesen artgerechten Umgang miteinander erreichen wir, wenn wir Vereinbarungen körpersprachlich solide und nachvollziehbar aufbauen. Das überzeugt das Tier davon, sich am Menschen zu orientieren. Der Vierbeiner stellt sich mental und mit allen Sinnen auf seinen Menschen ein. Diese ebenso verbindende wie verbindliche Orientierung zeigt sich schließlich nicht nur in entspannter Leinenführigkeit, sondern in der Souveränität gegenüber äußeren Reizen, im Vertrauen auf die Führungskompetenz des Menschen.

Um dieses Ziel zu erreichen, genügt der Blick auf den Hund nicht. Deshalb die Fragen:
– Wie viel Anpassung an Hunde-Bedürfnisse leistet der Mensch?
– Wie viel Arbeit bist du bereit, zu investieren?

Erst einmal geht es also darum, dir darüber klar zu werden, wie ausgeprägt deine Fähigkeit ist, Orientierung zu geben. Woran orientierst du dich, wie eindeutig bist du in deiner Haltung, wenn du mit deinem Hund losgehst? Für mich ist es eine Frage der Fairness, systematisch und konsistent wiederkehrend zu handeln. Dann bin ich für den Hund glaubwürdig, erarbeite mir sein Vertrauen, weil ich für ihn lesbar bin, er mich einschätzen kann und mir vertraut.

Ist der Zweibeiner körpersprachlich klar und systematisch, hat er verinnerlicht, dass Bewegung im Kopf beginnt und in den Füßen endet, sprechen Mensch und Hund eine Sprache. Jenseits von Techniken an der Leine, geht es deshalb um Grundlagenarbeit – mit dir, mit dem Hund. Sie bahnt den Weg in eine Gemeinschaft, die unabhängig von Außenreizen und Konflikten stabil ist.

GEMEINSCHAFT BILDEN – MEHR ALS VOKABELN LERNEN

Dieses Buch ist ein Mix aus Trainingsplan und Inspiration, die Beziehung zu deinem Hund tiefer zu denken. Was verbirgt sich wirklich hinter dem Wunsch nach einem leinenführigen Hund? Ist es nicht letztlich die Sehnsucht nach einer stabilen Gemeinschaft über Artgrenzen hinweg? Eine Gemeinschaft zu bilden, ist Geschenk und Entwicklungsarbeit gleichermaßen. Du kennst sicher das beglückende Gefühl, das dich warm ausfüllt, wenn dein Hund dir gut zuhört, freudig gespannt mit dir an lockerer Leine joggen geht und darauf wartet, ob du ihm gleich als gemeinsame Handlung einen Spurt oder einen Stopp anbieten wirst. Und genauso gut kennst du wahrscheinlich das Gefühl aufkommender Verzweiflung in dir, wenn du hilflos grübelst, wie du den reizüberfluteten Vierbeiner am gespannten Ende der Leine verlässlich in die Orientierung zu dir zurückholen kannst.

»Eine gute Gemeinschaft lebt von der Freude, die Dinge gemeinsam zu tun.«

1

DEIN KÖRPER SPRICHT – IMMER

All diejenigen, die auf Locken oder Blocken in der Hundeerziehung setzen und Körpersprache als nettes Zusatzelement sehen, blenden eine Tatsache aus. Auch wenn du meinst, auf Körpersprache verzichten zu können, liest dein Hund, was dein Körper sagt. Denn jede Bewegung, natürlich auch die völlig unbewusst ausgeführte, gibt dem Hund Signale.

Ein Beispiel: Du hast deinen Hund an der Leine und gehst ohne Kommentar los. Weil du ja mehrfach erlebt hast, dass dein Hund nicht so bereitwillig folgt, wie du es dir wünschst, wendest du dabei Kopf, Schultern, Oberkörper leicht zum Tier. Damit blockt deine dem Vierbeiner zugewandte Schulter den Raum und folgerichtig kann dein Hund gar nicht exakt auf deiner Höhe mitgehen, sondern bleibt zurück. Ein klassisches Missverständnis. Wer das Vokabular der Körpersprache lernt, wird sich der Wirkung seiner Bewegungen bewusst. Ob der Hund dann tief durchschnauft und denkt: endlich?

2

1 Fehlt die klare Kommunikation, bleibt der Hund im Außen und verliert die Orientierung am Menschen. So kann er dem Richtungswechsel nicht folgen.

2 Der aufmerksame Blick des Hundes zum Menschen ist Voraussetzung dafür, harmonisch miteinander durchs Leben zu gehen.

1

2

Längst sprechen viele von uns wie selbstverständlich von einer Mensch-Hund-Gemeinschaft. Sie begann gar nicht so romantisch vor Jahrtausenden am Lagerfeuer unserer menschlichen Urahnen mit den hündischen Urahnen, den Wölfen. Zum beiderseitigen Vorteil entwickelte sich ein Miteinander, die Geburtsstunde unseres heutigen Verständnisses von Hunden als Familienmitgliedern. Dabei ist Gemeinschaft streng wissenschaftlich in der Soziologie, in der Ethnologie und sogar im Rechtswesen als überschaubare soziale Gruppe von Menschen wie in Familie oder Gemeinde, Clan oder Freundeskreis definiert, die durch ein starkes „Wir-Gefühl" eng miteinander verbunden ist. Die menschliche Gemeinschaft gilt als ursprünglichste Form des Zusammenlebens und als Grundelement einer jeden Gesellschaft.

Was zeichnet eine Gemeinschaft aus?
Sie bietet Schutz, Wärme, Zugehörigkeit. Sie braucht (meist) gemeinsame Ziele und sinnvolle Aufgabenteilung. Ihre Basis bilden die eindeutig kommunizierten und im Ernstfall durchgesetzten Regeln.

Da Hunde zutiefst soziale Wesen sind, können wir bei ihnen durchaus auch ein „Wir-Gefühl" voraus-

3

1 „Komm nah zu mir“ …

2 … wird mit freundlichem Streicheln …

3 … und einem freudig-innigen Blickkontakt beantwortet. Ein Augenblick, der wirkliche Nähe entstehen lässt.

setzen. Wer eine Hundemutter mit ihren Welpen erlebt und das Glück hat, dass auch noch Hundeoma, -tante oder -onkel im Haus leben, weiß, was ich meine. Die Bereitschaft und die Fähigkeit der Hunde, nicht nur mit Artgenossen in einer vertrauensvollen Beziehung zu leben, sondern auch mit uns Menschen, hat die Tür zur Gemeinschaft über Artgrenzen hinweg geöffnet. Dieses Geschenk macht das Leben von Menschen und Hunden so besonders.

Hunde-Menschen erleben die Wechselwirkungen im Zusammenspiel mit ihren Vierbeinern. Schon beim Aufstehen weiß mein Fell-Freund, wie ich heute Morgen drauf bin und spiegelt mir das mit seinem Verhalten. Umgekehrt kenne ich die Reizschwelle meines Tieres bei Wild-Begegnungen oder reagiere auf seine spielerischen Aufforderungen, wenn abendliche Ruhe einkehrt. Hunde und Menschen gehen vielfältig miteinander in Resonanz. Damit dabei „schräge Töne“ eine Ausnahme bleiben oder werden, geht es in diesem Buch zunächst einmal ganz intensiv um Gemeinschaftsbildung zwischen Vier- und Zweibeiner. Dieser Prozess beginnt immer in den eigenen vier Wänden!

Wer geht mit seinen Kindern ins Sterne-Restaurant, wenn sie zu Hause noch nie mit Messer und Gabel essen mussten? Wer kann vom angesichts des Lieblingsfeindes auf der anderen Straßenseite völlig eskalierenden Hund erwarten, ausgerechnet in einer solchen Extremsituation orientiert am Menschen zu sein, wenn die Kommunikation im häuslichen Bereich ungeklärt ist? Wer zu Hause beim Klingeln ungebremst aufgeregt bellend zur Tür spurtet, statt wie angewiesen auf seinem Platz zu bleiben, wird hundertprozentig die Raumvorgabe seines Menschen auch auf dem Waldweg nicht einhalten (können) und energisch an der Leine zerren. Um diesen Zusammenhang zu erkennen, braucht es den unverstellten Blick auf deine Kompetenzen, den Wunsch, sie zu verfeinern und schließlich die Ausdauer, dabei fair mit deinem Tier im gemeinsamen Prozess zu bleiben.

Du brauchst also beides, um mit deinem Vierbeiner eine Gemeinschaft zu formen, die souverän und im freudigen Miteinander durchs Leben geht:

Das kontinuierliche Training für die Haltung deines Körpers, mit seiner wiederkehrend verlässlichen Ausdrucksweise, und die Arbeit an deiner inneren Haltung, dem Bewusstsein für die respektvolle, faire Gestaltung eurer Gemeinschaft, für die du Verantwortung trägst.

Wenn beides gleichermaßen frei schwingt und auf deinen Hund überzeugend wirken kann, ist die Leine letztlich nicht mehr, aber auch nicht weniger, als die sichtbare Verbindung von Herz zu Herz.

JEDES DETAIL ZÄHLT

DER ANFANG: RUHIGER STAND UND SITZ

Bleibt dein Hund im Sitz, wenn dein Blick über ihn leicht hinausgeht und du im stabilen Stand Ruhe signalisierst?

In kleinen Schritten zum Ziel

Dank des kleinschrittigen Aufbaus, der didaktisch sinnvoll strukturierten Übungen im Grundlagenbereich, lernt der Hund zu verstehen, was sein Mensch von ihm erwartet.

»Die bewusst eingesetzte Körpersprache ist die feinste Form der Verständigung zwischen Zwei- und Vierbeiner: Sie ist das Bindemittel für die soziale Beziehung über Artgrenzen hinweg.«

Lass uns das Idealbild der Leinenführigkeit in seine einzelnen Elemente zerlegen. Wir beginnen mit der Ansprache zum Hund hin aus der Frontalen. Der Hund sitzt auf Anweisung hin aufmerksam vor seinem Menschen. Dieser schaut leicht über ihn hinweg und nimmt ihn dennoch peripher wahr. Auf die Nennung seines Namens, steigert der Vierbeiner die ohnehin vorhandene Aufmerksamkeit und erkennt die zeitgleiche Verlagerung des Menschen zum Hund hin, ohne darauf schon mit einer voreiligen Bewegung zu reagieren. Erst eine kleine Öffnung in Laufrichtung, plus leichter Gewichtsverlagerung auf das Standbein für den ersten Schritt, öffnet den gemeinsamen Weg in die Gerade. Der Mensch schaut mit deutlicher Aufrichtung genau dahin, wo es gemeinsam langgeht. Sein Kinn bleibt parallel zum Boden. Der Hund ist absolut orientiert, freudig zugewandt und folgt dem Menschen Schritt für Schritt. Weil der Mensch so klar formuliert hat: *„Du bist gemeint und das werden wir tun“*, ist das Anschlussverhalten des Hundes kooperativ und verbindlich.

Klingt doch gar nicht so schwer, oder? Wie weit bist du, seid ihr als Mensch-Hund-Tandem von einem solchen Ablauf entfernt? Für den Status-Check ist die Sitz-Übung genau richtig. Wie viel Konzentration kann dein Hund in einem ruhigen Setting schon aufbringen?

1

2

ÜBUNG

DIE SITZ-ÜBUNG

Mit diesem Übungsaufbau steigerst du das Konzentrationsvermögen deines Hundes. Ihr könnt das Training an ganz unterschiedlichen Plätzen und in vielfältigen Situationen variieren. Du sammelst dabei bestimmt einige neue Erkenntnisse über das Verhaltensrepertoire deines Vierbeiners.

So geht's

1. Leine deinen Hund an.
2. Positioniere ihn frontal sitzend vor dir.
3. Nimm deinen Blick raus. Dein Blick geht über den Hund hinweg. Durch dein peripheres Sehen ist sein Verhalten für dich wahrnehmbar.
4. Du stehst im stabilen Stand, das heißt: Füße hüftweit auseinander, aufrecht, Schultern locker, Atmung tief und ruhig, Kinn parallel zum Boden, Blick nach vorne, als wenn du auf die rote Ampel blickst.
5. Schaut dein Hund nach oben in deine Richtung und ist aufmerksam, ohne Handlungsimpuls? Dann beginnst du in diesem stabilen Stand leicht mit dem Oberkörper nach rechts und nach links zu pendeln. Aus dem Oberkörper heraus zunächst die Schulter bewegen, den Oberkörper nach rechts verlagern, dein Gewicht geht auf das rechte Bein, dann nach links und nach hinten, mit Gewicht auf den Fersen, schließlich nach vorne auf den Ballen. So pendelst du leicht in alle vier Himmelsrichtungen. Diese Bewegung steckt an, der Hund bewegt seinen Kopf mit.

Kleine Hilfestellung: Nimmt dein Hund dich vor allem von der Hüfte an abwärts wahr, überträgt sich die Bewegung meistens nicht. Dann braucht er vielleicht eine kleine akustische Aufforderung, um höher zu dir zu schauen, denn jede unserer Bewegungen beginnt ganz oben.

Der positive Effekt: Die überwiegende Mehrheit aller Hunde ist von der Pendelei irritiert. Dadurch fangen die meisten verstärkt an, ihren Menschen von oben nach unten zu beobachten. Genau das ist gewollt. Unsere Bewegungen fangen oben an, Augen, Kopf und Schulter leiten sie ein.

3

5

4

1 Die ohnehin vorhandene Aufmerksamkeit und hohe Konzentration des Hundes …

2 … wird erhöht durch die leichte Gewichtsverlagerung des Menschen in seinen Raum.

3 Die Bewegung wird eingeleitet durch die Ansprache auf dem rechten Fuß, …

4 … die Öffnung der Schulter nach links …

5 … und die Einladung zum Nahherankommen.

WIE ANTWORTET DEIN HUND?

– Was passiert, wenn du deinen Hund hinsetzt und den Blick rausnimmst, ihm also nicht weiter ins Gesicht schaust?
– Wie lange behält dein Hund die ihm von dir zugewiesene Position bei?
– Wie lange kann er diese Verbindlichkeit unter guten Rahmenbedingungen bei euch zu Hause einhalten? Schafft er es eine knappe Sekunde oder satte zwei Minuten?
– Wohin geht sein Blick? Schaut er dir ins Gesicht? Scannt er dich von oben nach unten?
– Achte auf den Gesichtsausdruck deines Hundes, ist er abwartend interessiert oder steht er unter Spannung?
– Löst er das Sitz-Signal eigenmächtig auf?
– Steigert deine Pendelei sein Interesse an dir?

Die Antworten auf diese Fragen geben Auskunft darüber, wie lange dein Hund im Geiste bei dir bleiben kann.

Hat Nicole den rechten Fuß schon leicht nach links gesetzt? Bruno signalisiert Mitgehbereitschaft durch die angehobene rechte Pfote.

Kaalotta konzentriert sich auf Renée und wartet, ob aus der Ruhe eine Aktivität entstehen soll.

Djamilas Blick geht in Richtung „Rote Ampel“ und Paul schenkt ihr seine vollste Aufmerksamkeit in Erwartung gemeinsamer Aktivität.

Seine Fähigkeit, sich länger zu konzentrieren, baust du mit eurem Trainingsprogramm gezielt auf.

TÄGLICH ÜBEN

Damit ihr das Fundament für volle Orientierung des Hundes am Menschen solide aufbaut, lautet der erste Trainingsauftrag für die nächsten fünf Tage, diese kleine Übung täglich drei bis vier Mal durchzuführen. Ziel ist, die Zeitspanne für die Verbindlichkeit von den wenigen Sekunden beim Status-Check auf bis zu drei, vier Minuten auszudehnen. So kleinteilig aufgebaut, gibst du deinem Hund die Möglichkeit, sein Verhalten zu verändern. Das ist fair und ein erster Schritt auf dem Weg, deinem Hund zu erklären, worum es dir beim Gehen an der Leine wirklich geht. Erst wenn dein Vierbeiner dabei ruhig und aufmerksam bleibt, kannst du anfangen zu erwarten, dass er selbst dann auf deine Signale reagiert, wenn es drumherum verlockend riecht und spannend aussieht.
Nur durch regelmäßiges Training erhöhst du die Wahrscheinlichkeit, dass dein Hund genau dann, wenn es darauf ankommt, an dir orientiert bleibt. Im Training erarbeitest du die Dinge, die dir wichtig sind, damit in Zukunft der Ernstfall für euch beide stressfrei ablaufen kann.

PERIPHERES SEHEN LERNEN

Du sollst deinen Hund nicht direkt anschauen, aber trotzdem mitbekommen, was er tut. Dafür musst du deinen Blick wahrscheinlich neu justieren. Der direkte Blick ist vergleichbar mit dem Zoom bei der Kamera auf ein Detail. Das periphere Sehen gleicht dagegen dem Weitwinkel oder dem Froschauge am Kamera-Objektiv. Das bedeutet, du fixierst keinen Punkt, sondern öffnest deinen Blick in die Weite und die Breite. Beim Gassigehen lässt sich das auch in der Landschaft ausprobieren. Der Baum in 20 Meter Entfernung ist dein Fokus, also Zoom-Blick. Die Wiese drumherum, den Feldweg, den weiter hinten pflügenden Schlepper und deinen am Wegesrand schnuppernden Hund siehst du mit dem peripheren Blick.

Wer mit einem Hunde-Quartett unterwegs ist, muss zunächst mit jedem Hund einzeln die Verbindlichkeit und Orientierung erarbeitet haben.

AUF DEN SPUREN DER AHNEN

Lass uns einen Abstecher in die Hundewelt machen und einen Blick in das Zusammenleben der Ahnen, den Wölfen, werfen. Stimmt, da gibt es keine Halsbänder, kein Geschirr und keine Leinen. Dennoch: Auch Wolfsgruppen bilden in Bewegung ihre Gemeinschaft ab. So düst nicht einer frech ins Unterholz, während die anderen auf dem Trampelpfad bleiben. Wölfe laufen strukturiert, das Bewegen in der Gemeinschaft folgt Regeln. Sie werden von den erfahrenen Alttieren erklärt und durchgesetzt. Die Kompetenz dafür wird sichtbar dargestellt, das Ziel mit ruhiger Beharrlichkeit verfolgt. Kommt das Rudel zur Ruhe, darf sich jeder verhalten, wie er will. Auch Hunde weisen einander Räume zu. Dieses innerartlich verankerte Verhalten dient als Vorbild für das gemeinsame Gehen an der Leine. Denn Leinenführigkeit bedeutet im Grunde nichts anderes, als das Einhalten einer vom Menschen erfolgten Raumzuweisung durch den Hund. Da spielt es keine Rolle, ob ihr mit zwei Füßen und vier Pfoten durch die Stadt schlendert, im Wald joggt oder eine flotte Runde mit dem Roller hinlegt.

ERST RECHTS, DANN LINKS

Wann kam eigentlich im Zusammenleben von Mensch und Hund die Leine ins Spiel? Genau lässt sich das zeitlich nicht festlegen. Eindeutig ist, dass die Idee, den Hund an der linken Seite zu führen, beim Militär entstanden ist. So blieb die rechts getragene

Waffe jederzeit zugänglich. In den 1980er-Jahren setzte sich dann durch, den Hund rechts führen zu dürfen. Heute ist es sinnvoll, das Tier auf beiden Seiten sicher durch alle Lebenslagen führen zu können.

DIE RICHTIGE LEINENHAND

Über Details lässt sich trefflich streiten. Auch darüber, welche Hand die richtige für die Leine ist. Für mich ist es absolut logisch, und so lernst du es hier auch in den Übungen, die Leine immer in der vom Hund abgewandten Hand zu halten. Auch wenn ihr im Prinzip ohne Interventionen durchs Leben gehen wollt, wirst du nie völlig drumherum kommen, deinem Hund taktil eine Hilfestellung zu geben. Ist die Leine dann in der Hand, die nahe am Hund ist, wird es schwieriger, ihn, wenn nötig, zu berühren. Würdest du in manchen Situationen eine solch zielgerichtete Intervention setzen wollen, wäre diese Hand blockiert. Also gewöhne dir gleich an, die Leine immer in der vom Hund abgewandten Hand zu halten. Greife sie am besten so, wie du eine Kaffeetasse greifst. Dann kannst du sicher sein, dass Bewegungen an der Leine deinen Hund dazu animieren, nach oben zu dir zu schauen.

BEZIEHUNGSARBEIT LOHNT

Um entspannt und gut orientiert gemeinsam durchs Leben gehen zu können, gilt es, Leinenführigkeit Stück für Stück aufzubauen. Dein Hund muss dafür etwas lernen, was in seiner Natur nicht exakt so angelegt ist. In der Welt des Hundetrainings gibt es eine Fülle ganz unterschiedlicher Sichtweisen und Techniken. Mir ist wichtig, beim Menschen zu beginnen. Erst wenn der Mensch anfängt, sich und seinen Körper bewusster zu bewegen, gibt er dem Hund die Orientierung, die der Vierbeiner für die eigene Bewegung braucht.

1

2

1 Die Leine ist in der vom Hund abgewandten Hand und wird wie eine Tasse gegriffen.

2 Bei der Ansprache mit Gewichtsverlagerung zum Hund, verkleinert sich der Abstand. Die Aufmerksamkeit erhöht sich.

1

2

1 Der Ansprache auf dem linken Bein mit Gewichtsverlagerung zum Hund hin, …

2 … folgt mit der Schulteröffnung nach rechts der Impuls für die gemeinsame Bewegung in die neue Richtung.

Im Gespräch bleiben

Didaktisch klug aufgebaut, erlernen Menschen und ihre Hunde, wie sie miteinander im körpersprachlichen Gespräch bleiben, um ihren Weg entspannt gemeinsam gehen zu können. Erst wenn wir Zweibeiner dem Hund die Erklärungen liefern, die ihn schließlich dazu befähigen, selbst in stressigen Phasen nah und orientiert am Menschen zu bleiben und sich nicht im Außen zu verlieren, können wir dem hohen Anspruch an Leinenführigkeit gerecht werden. Grundlegendes aus der innerartlichen Kommunikation der Hunde wird in diesem Konzept individualisiert angewandt. **Für mich ist dieser ganzheitliche Ansatz eine Frage der Höflichkeit, der inneren Haltung, für ein faires Miteinander.** Du darfst gespannt sein, wie viele sinnvolle „Vorschläge" aus der Hundewelt unser menschliches Repertoire im körpersprachlichen Austausch mit dem Tier bereichern können. Vom Vorbild der Verhaltensweisen, die für Hunde natürlich sind und ihrem Wesen entsprechen, profitiert der Beziehungsaufbau. Da ist es doch nur logisch, dass Hunde ihm gut folgen können und Futterhand oder Klicker keine Rolle spielen.

Der wichtigste Effekt: Mit diesem Training erhöht ihr die Wahrscheinlichkeit für Verlässlichkeit im Alltag. Bleibt der Hund am Menschen orientiert und kann alles außen herum ausblenden, ist die darüber geteilte Freude doppelte Freude. Sie feiert den Gewinn an Leichtigkeit und Freiheit.

WARUM BRAUCHT'S DIE VORÜBUNGEN?

Hunde-Menschen stellen immer wieder fest, dass sie allein mit Technik beim Hund nicht weiterkommen. Wer solch vermeintlich einfache Rezepte für eine lebendige, harmonische Beziehung von Mensch und Hund erprobt, merkt schnell, dass sie auf Dauer versagen. Wo also setze ich an, um Orientierung und Zugewandtheit zu entwickeln? Dank meiner kleinschrittigen Herangehensweise, dem detailverliebten Blick auf die Grundlagen,

1

2

1 Ansprache mit Gewichtsverlagerung und Blickkontakt sind klar, …

2 … Blick, Schulter und Bein geben eindeutig die Bewegungsrichtung vor.

gelingt es überhaupt, erst einmal eine stabile Konzentrationsfähigkeit beim Hund herzustellen. Wer bisher mit einem Smalltalker unterwegs war, führt danach tiefe Gespräche. Hunde müssen lernen, sich länger als wenige Sekunden auf eine Sache – auf den Menschen – zu konzentrieren. Das ist ein Prozess, der Zeit und kontinuierliche Übung braucht:

– Der Hund bekommt dabei eine Vorstellung davon, wer in der Gemeinschaft Kompetenz hat und sie überzeugend darstellt, wer Entscheidungen trifft und den Umgang in der Gemeinschaft definiert.

– Er lernt zu verstehen, wie er sich am Menschen orientieren kann und wieviel angenehmer das Leben dadurch wird.

Was hilft dabei?

Ritualisierte Abläufe! Orientierung wird stets in der gleichen Art und Weise eingeleitet. Die Abläufe bleiben stabil: Ansprache, Distanzverringerung (*„komm nah zu mir“*), Anschlussverhalten (*„und bleib bei mir“*) und gemeinsame Bewegung (*„das wollen wir genau so zusammen tun“*).

Diese Ansprache für den Hund sichtbar zu machen und dabei Führungskompetenz nachzuweisen, wird durch die gezeigten Übungen etabliert. Im gemeinsamen Prozess wird dem Hund klar, dass die Nähe zum Menschen das höchste Gut ist und er sich jederzeit an ihm orientieren kann.

Wer den sicheren Hafen, den Fels in der Brandung kennt, kann entspannt und reizneutral durchs Leben gehen. Das muss der Hund außerhalb von Konflikten verinnerlichen. Dazu braucht er Gelegenheiten, und die liefern ihm die Übungen. Sie gelingen, wenn sein Mensch zuvor durch Solo- oder Mensch-Mensch-Übungen gelernt hat, seinen Körper wiederkehrend verlässlich und klar nachvollziehbar sprechen zu lassen. Bevor das Training mit Hund startet, arbeite deshalb zuerst an dir.

ÜBUNG

RAUM (ER)KLÄREN

Wer einen Hund an seiner Seite haben will, der sich in der Bewegung zuverlässig am Menschen orientiert und den definierten Raum einhält, legt mit einer Raumzuweisung ohne Bewegung und Ablenkung dafür die Basis. Wenn bereits in der Statik im häuslichen Bereich Nasenspitze oder Rute den festgelegten Bereich überschreiten, ist das in den allermeisten Fällen kein Zufall, sondern ein „Beschwerdebrief", eine eindeutige Auskunft vom Hund. Du erkennst, wie geschickt er austestet, ob deine Raumzuweisung gilt. Das erlebst du unübersehbar sehr wahrscheinlich bei der nächsten Übung. Diesmal führt ihr euer Grundsatzgespräch darüber, wer die Koordinaten vorgibt und über Raum und Zeit in einem imaginären Würfel bestimmt. In diesem gedanklich geschaffenen Kubikmeter Raum lernst du frappierend viel darüber, wie dein Hund Grenzen austestet. Und dein Vierbeiner macht neue Erfahrungen mit dir, weil du ebenso penibel wie freundlich bestimmt das Einhalten der von dir vorgegebenen Grenzen einforderst – mit gelassener Beharrlichkeit.

Du brauchst einen Stuhl und daneben einen Platz, der möglichst exakt der Größe deines Hundes von Schnauze bis Schwanzspitze entspricht. Diese Fläche kannst du dir denken, du kannst sie mit Pylonen markieren, mit Klebeband sichtbar machen oder als Decke auslegen. Hunde brauchen diese

1

2

Markierung meist gar nicht, aber wir Menschen orientieren uns leichter an sichtbaren Symbolen. Gedanklich erweiterst du diese Fläche nach oben, baust sozusagen transparente Wände und einen gläsernen Deckel zum Würfel zusammen.

So geht's

1. Leine deinen Hund an und führe ihn kommentarlos in den Würfel.
2. Setze dich auf den Stuhl, bleibe ruhig bei dir, nimm nur peripher wahr, was dein Hund tut.
– Wie lange bleibt er in dem von dir zugewiesenen Raum?
– Legt er sich hin und eine Pfote ragt über die Fläche hinaus?
– Steht er ruhig neben dir und lässt seine Rute über die gedachte Würfel-Wand hinweg wedeln? Geht seine Schnauze über die Grenze?

Das sind keine zufälligen Überschreitungen der Grenzen, sondern bewusste Raumforderungen. Bewundernswert, über welch ein unfassbar großes Verständnis von Fläche und dreidimensionalem Raum Hunde verfügen. Die im wahrsten Sinne des Wortes herausragende Pfote ist ebenso wenig einfach mal passiert, wie das Wedeln jenseits der „roten Linie".

3. Du stehst also auf, platzierst die Pfote innerhalb der gegebenen Grenzen, streichst die Rute herunter – kommentarlos, ohne Emotion, mit großer Ausdauer. Dein Hund gibt vor, wie oft ihr diese Klärung herbeiführen müsst. Je penibler du hier arbeitest, desto weniger braucht ihr in Zukunft an der Leine zu diskutieren. Sie ist ja im Grunde nichts anderes als eine Raumzuweisung.

1 Im gedachten Würfel – flächig ausgelegt, dreidimensional visualisiert – zeigt dir dein Hund, wie er mit deiner Raumzuweisung umgeht. Führe ihn freundlich, kommentarlos in die Fläche.

2 Korrigiere ruhig und bestimmt seine Grenzüberschreitungen mit Pfote …

3 … oder Schnauze, …

4 … indem du sie in die Begrenzung zurückschiebst. Ob der Hund liegt, steht oder sitzt, kann er frei entscheiden.

3

4

DAS GEFÜHL FÜR RAUM UND ZEIT

Lass dich auf eine Entdeckung ein, beobachte dabei nicht nur deinen Hund, sondern nutze die Gelegenheit, deine eigenen Empfindungen wahrzunehmen. Wie lange kann dein Hund verlässlich bleiben? Wie oft führst du ihn zurück in den entsprechenden Raum, ohne ärgerlich zu werden? Unsere Hunde sind in der Lage, uns körperlich und auch seelisch zu bewegen – welch eine Fähigkeit. Sie sind hochkomplexe Lebewesen, die ein ausgeprägtes Gefühl für Raum und Zeit haben. Ihre Fähigkeit, dreidimensional orientiert zu sein, nutzen sie in der Kommunikation mit uns Menschen sehr gezielt. Lerne zu erkennen, welche Strategien dein Hund verfolgt, was seine Stärken sind, wo seine Schwächen liegen. Deine Aufgabe ist es, gelassen und beharrlich dranzubleiben. So kommst du letztlich in den Kopf deines Hundes. Wer den Hund dabei lediglich in Schach hält, lenkt nur um und vermeidet die grundsätzliche Klärung.

Bleibe dabei: Führe deinen Hund angeleint neben dir, ruhig und bestimmt, in den Würfel. Zeige ihm, dass es dir um das exakte Einhalten einer abgesprochenen Situation geht. Lass dich dabei nicht zu einem Dauerkorrektiv verführen. Wenn du herausgefunden hast, wie lange dein Hund konzentriert in dieser Statik bleiben kann, löse die Vereinbarung rechtzeitig auf, bevor der Vierbeiner eigenmächtig entscheidet, zu gehen. Damit kannst du das Umdenken beim Hund fördern. Manch Hunde-Mensch wurde dank der Würfel-Übung vom „Geschenk“ der Leinenführigkeit überrascht, weil Raumzuweisung durch den Menschen dann plötzlich kein Thema mehr war – ganz ohne nervige Diskussionen und wirkungslose Interventionen an der Leine.

1

EINDEUTIGE ABSPRACHE? ABSICHERUNG FÜR NOTFÄLLE?

Was ist dein Anspruch an die Leinenführigkeit, an deine und an die des Hundes? Geht es dir darum, die gemeinschaftliche Bewegung klar, nachvollziehbar und möglichst sauber auszuführen? Was trägst du dazu bei? Musst du den Vierbeiner ständig erinnern, den von dir definierten Raum einzuhalten, oder bleibt er in Kontakt, bis du die Vereinbarung auflöst?

2

1 Wenn der Hund so wundervoll orientiert an seinem Menschen folgt, …

2 … gelingt jeder Richtungswechsel ohne Spannung auf der Leine, und gibt guten Grund für ein Lächeln.

Beobachte dich selbst: Hast du eine eindeutige Absprache mit deinem Hund oder geht ihr an der Leine, wie es gerade passt?

Und frage dich ehrlich: Brauchst du Leinenführigkeit im Alltag mit deinem Hund? Dem einen ist es nicht so wichtig, wie sich der Hund an der Leine bewegt, die andere braucht das ruhige Miteinander auf jeden Fall. Wofür ist die Leine relevant in eurem Zusammenleben? Dient die Leine schlicht als Sicherung, um das Schlimmste zu verhindern? Geht dein Hund an der Leine „jagen", zerrt, schreit und protestiert er, wenn Wild oder der Lieblingsfeind euren Weg kreuzen und du dich in die Leine stemmen musst, um ihn von selbstbestimmten, unerwünschten Aktionen abzuhalten? Wenn dein Partner mit vier Pfoten dir gar nicht zuhören kann, wenn du im gemeinsamen Alltag um jedes erwünschte Verhalten betteln musst, kannst du ehrlicherweise auch an der Leine keine großen Ansprüche an deinen Hund stellen. Dabei hätten wir so gern, dass der Hund in der Bewegung einen zugewiesenen Raum beibehält, uns anschaut und nachfragt, wie er sich sozial adäquat verhalten soll. Hast du deinem Hund aber mal erklärt, wie ihr miteinander gehen wollt? Es ist wichtig, im ruhigen häuslichen Rahmen die Voraussetzungen eures Zusammenlebens zu erklären. Nur wenn du die Leinenführigkeit Stück für Stück aufbaust, kann dein Hund das lernen, was in seiner Natur nicht exakt so angelegt ist.

FINDE DEN FEHLER!

Zurück zur Sitz-Übung, zum ersten Element der Grundlagenarbeit für die Leinenführigkeit (siehe S. 20). Nicht immer gelingt das ruhige Sitzen? Dein Hund steht auf, dreht sich weg, springt dich an, zieht sich ins Körbchen zurück und lässt sich nicht dazu bewegen, wieder zu dir zu kommen? Begib dich auf die Suche nach den Fehlerquellen. Fang damit bei dir an. Wolltest du kontrollieren, was dein Hund macht und hast verstohlen zu ihm hingeschielt, das Kinn gesenkt und leicht nach unten geguckt? Das merkt das Tier und versteht deinen Blick als Aufforderung, aktiv zu werden. Andere wollen dem dabei entstehenden Druck ausweichen und gehen deshalb weg und aus der Situation heraus.

Hast du deine aufrechte Haltung beibehalten? Manch einem startbereiten Vierbeiner reicht schon das Abspreizen des kleinen Fingers, um sich in die damit unbewusst signalisierte Richtung zu verlieren. Eine angedeutete Bewegung des Oberkörpers in Richtung des Tieres – manchmal nur durch veränderte Atmung – wird von einigen ebenfalls als Aufforderung verstanden und kann Verhalten auslösen.

Lerne deine Körpersprache wahrzunehmen und bleibe in der Aufmerksamkeit ganz bei dir. Wie reagiert dein Hund auf die neue Statik, die du dir erarbeitest? Auch bei der kritischsten Analyse kannst du keinen Fehler bei dir entdecken? Dann überlege, was deinem Hund fehlt, um deine Raumzuweisung – das verbindliche Sitz – anzunehmen. Und hinterfrage, ob du ihm bereits vermittelt hast, dass erst ein von dir erteiltes Auflösesignal ihm die Freigabe zum selbstständigen Handeln erteilt. Was tust du, wenn er unaufgefordert aufsteht? Gibst du schnell auf und beendest eure Trainingseinheit, verabschiedest du dich von deinem Plan? Wirst du ungeduldig und zerrst ihn mit unterdrücktem Zorn zurück? Dann kommt als wirksames Gegenmittel, angesichts dieses Gefühlsstrudels, das nächste Übungselement genau richtig.

Geht der Blick bei der Ansprache zum Hund, erhöht sich dessen Aufmerksamkeit sofort.

»Um Training kommt niemand herum, der Dinge grundlegend verändern möchte. Selbst wenn es mit Training keine Garantie für ein immer perfektes Miteinander mit deinem Hund gibt, lohnt es sich. Denn ohne Üben wird sich garantiert nichts ändern.«

ÜBUNG

DER ENGTANZ

Wie gehst du mit Widerstand deines Hundes um? Das findest du durch euer Training im Engtanz heraus. Wichtig dabei: es geht um das Miteinander, auf keinen Fall um ein Gegeneinander.

So geht's

1. Du sitzt auf einem Stuhl, Beine hüftweit auseinander (bei kleinen Hunden auf dem Boden sitzen).
2. Du rufst deinen Hund freundlich zu dir oder holst ihn angeleint ab.
3. Dein Hund steht frontal vor dir.
4. Greife mit beiden Händen seitlich ins Halsband.
5. Hole den Hund nah zu dir, indem du ihn mit seinem Namen ansprichst, leichte Spannung und sanften Zug in deine Richtung ausübst und mit deinem Oberkörper etwas zurückweichst, deinen Blick deutlich in deine Körpermitte führst, dann nach oben rausnimmst und über den Hund leicht hinweg schaust.
6. So öffnest du den Raum hin zu dir und ermöglichst deinem Vierbeiner ganz nah zu kommen.

Wie reagiert dein Hund auf diese minimalen Bewegungen? Macht er sich schwer, versucht er sich zu setzen, weicht er seitlich aus? Bleibt er dir nach der Ansprache zugewandt? Orientiert er sich an deinem Spannungsimpuls? Bewegt er sich bereitwillig auf dich zu? Hat er die Bewegungsimpulse mitbekommen oder den roten Faden des „Gesprächs" verloren?

1

2

3

1 „Komm nah zu mir."

2 „So sehe ich übrigens aus, wenn ich etwas von dir verlange."

3–5 Augen und Richtungsimpuls des führenden Armes bewegen den Hund Schritt für Schritt nach rechts, nach links und in die Mitte.

KLEINE IMPULSE. KEIN ZERREN!

Von außen betrachtet kann der Griff ins Halsband und die Impulssetzung, nah zu dir zu kommen, mit einem Zerren verwechselt werden. Nein, definitiv geht es nicht darum, den Hund heranzuziehen. Mit dem Halten, und der sanften Rückwärtsbewegung als Raumöffnung, setzt du lediglich Impulse für die langsame Schritt-für-Schritt-Bewegung der vier Pfoten. Bleibe selbstkritisch, damit du wirklich nie in ein Ziehen gerätst. Und lass dich nicht aus dem Konzept bringen, wenn Beobachter das Bild zunächst als irritierend wahrnehmen. Mit kontinuierlichem Üben verwandelt sich das gemeinsame Tun in einen fließenden Tanz, der Wirkung in den Alltag hinein erzielt.

4

5

ENGTANZ IN VARIATIONEN

Gelingt die Übung schon gut, kannst du deinen Hund nicht nur von vorne nah an dich heranführen, sondern anfangen, ihn in alle vier Himmelsrichtungen zu bewegen.

1

So geht's

1. Du stehst vor deinem Hund, sprichst ihn wie gewohnt an, greifst seitlich ans Halsband und modifizierst seine Bewegung in deine Richtung.

2. Dafür sprichst du ihn erneut an, mit einer leichten Gewichtsverlagerung auf deinen linken Fuß, öffnest mit der rechten Schulter den Weg und neigst deinen Oberkörper etwas zum Hund hin, ohne ihn direkt anzuschauen. Im Gegenteil: Ziel ist, dass dein Hund dir dabei ins Gesicht schaut.

3. Dein rechter Arm geht in stabiler Verbindung zum Halsband seitlich nach rechts, ohne zu ziehen, übt also lediglich seinen Richtungsimpuls aus.

2

4. Deine Augen gehen exakt dahin, wo dein Hund ankommen soll, und an diesem Punkt dann nach oben, als wenn du eine unsichtbare Mauer hochziehen würdest.
Sei mit kleinen Schritten zufrieden und nehme freudig wahr, wenn dein Hund nur wenige Zentimeter in die gewollte Richtung folgt. Wichtig ist, dass ihr den Weg gemeinsam geht. Du gibst die Richtung vor, aber die Bewegung muss dein Hund ausführen. Es geht ganz und gar nicht darum, deinen Hund durch die Gegend zu ziehen. Baue ein akzeptables Spannungsfeld auf und spüre, wo dein Hund vielleicht nicht mehr weiterkommt, zumacht und keine Idee mehr hat, wie er weitergehen kann. Dann ist es wichtig, ihm zu signalisieren: *„Ich nehme dich wahr“*, und ihn freizugeben. Jeder kleine Schritt, der euch im „Gespräch“ weiterbringt, ist ein Erfolg. Um deinen Impulsen fließend zu folgen, braucht dein Hund Zeit und Übung. Du signalisierst dabei dein Wohlwollen und die Bedeutung des Miteinanders. Du bist jederzeit bereit, deinen Hund rechtzeitig freizugeben, damit ihr nicht verkrampft.

3

5

4

1–5 Der Engtanz lässt sich nach draußen verlagern, wenn er im häuslichen Bereich trainiert und vom Hund angenommen wurde. Dann gilt auch an öffentlichen Plätzen das Mantra: Komm nah zu mir und bewege dich, geführt durch die Augen des Menschen und den Impuls seines Führungsarmes, in die gewünschte Richtung, langsam und Schritt für Schritt.

1

2

1 Sprich deinen Hund an, …

2 … hole ihn nah zu dir ran, …

ÜBUNG

DIE FREIGABE

Aufgabe erledigt und weiter geht's kommentarlos? Allzu oft ist das üblich im Zusammenleben von Mensch und Hund. Dabei erwartet dein Tier mit gutem Recht die wichtige Information, wann deine erteilte Anweisung nicht mehr gilt und es einfach nur Hund sein darf. Deshalb wird es Zeit, eine bewusste Freigabe in euer Leben zu integrieren.

So geht's

1. Rufe deinen Hund zu dir.
2. Nimm seinen Kopf zwischen deine beiden Hände und halte ihn in dieser Position, ohne den Hund dabei anzuschauen.
3. Gehe mit deinem Blick in deinen Körper, also genau in die Richtung, in die dein Hund rankommen soll und hebe dann deinen Blick leicht über den Hund hinweg. Nicht du schaust deinen Hund an, dein Hund soll im besten Fall dich anschauen. Dafür musst du ihm den Raum öffnen, indem du den Blick rausnimmst. So zeigst du deinem Hund, dass du deinen Blick bewusst führst.
4. Bleibe beständig im Händedruck, auch gegen eventuellen Widerstand des Hundes.
5. Wichtig: dabei entspannt sein (auch körperlich) und ruhig atmen, Schultern nicht hochziehen.

3 …rahme seinen Kopf in guter Balance zwischen sanft und bestimmt …

4 …und gebe deinen Vierbeiner frei, sowie er in der Spannung etwas nachgibt, indem du deine Hände löst.

3

4

6. Nach wenigen Sekunden blickst du deinen Hund an, sagst seinen Namen und öffnest zum Freigeben deine Hände. Du sprichst deinen Hund dabei mit seinem Namen an und gibst ihn frei, indem du deine Hände öffnest und die Auflösungsworte sagst, die du konditionieren willst, zum Beispiel: *„Jetzt darfst du tun und lassen, was du willst“* oder kürzer *„Fertig“*.
Es geht hier nicht darum, so lange zu halten, bis dein Hund zur Ruhe kommt. Einige Sekunden sind angemessen, mehr nicht. Du bemerkst im Laufe des Übens, wann dein Hund versucht, sich aus eurer Verbindung herauszuziehen. Passiert das nach fünf Sekunden, gibst du ihn bereits nach vier Sekunden aktiv frei. Je häufiger ihr die Übung praktiziert, desto länger werden die Sequenzen werden. Pro Übungseinheit solltet ihr immer vier bis sechs Wiederholungen erreichen. Bald schon kannst du das *„Fertig“* in anderen Zusammenhängen sagen, wenn du beispielsweise das verlangte Sitzen auflösen willst.

ENERGIENIVEAU MANAGEN

Über das Energieniveau bei der Freigabe entscheidet letztlich der Hund. Zieht er beim Kopfhalten permanent nach hinten, nimmt dein Auflösungsimpuls diese Energie auf und gibt sie ihm bei der Freigabe mit. Dabei verändert sich deine Stimmung nicht, du bleibst freundlich, zugewandt, gelassen. Du signalisierst dem Tier damit: *„Wir können das aushalten."* Und du zeigst ihm auch im Widerstand, dass du die Souveränität hast, ihn freizugeben.
Springt dein Hund nach deiner Freigabe weg, dann variiere deine Freigabe. Löse deinen Griff, aber halte deine Hand noch einen Augenblick an seiner Schulter oder im Halsband. Wenn er mit dem Abstand einer Armlänge kurz zur Ruhe kommt, löst du deine Hand. Das wirkt auch gut bei Hunden, die eher wie ein Flummi reagieren oder bei Hunden, die wie ein Bumerang nach der Freigabe zum Menschen drängen.
Ist dein Hund bei der Übung in einem Spannungsverhältnis zu dir, also zieht schon nach hinten raus, während du ihn kurz hältst, nimmt dein Freigabeimpuls das deutlich auf. Er wirkt also nach hinten raus. Deine Freigabe geht dahin, wohin der Hund zieht. Dafür musst du keine Kraft aufwenden, sondern die Energie aufnehmen, die im Hund gerade vorhanden ist.
Ist dein Hund dagegen bei der Übung weich und steht entspannt vor dir, dann reicht eine kurze Berührung an der Stelle, die du bisher gehalten hast.

Die Freigabe signalisiert dem Hund, dass er machen darf, was er will. Du löst die Verbindlichkeit auf, die du vorher buchstäblich gehalten hast.

Führe diese Übung unbedingt mehrmals hintereinander durch und nimm dabei wahr, wie sich dein Hund verhält, wenn du Nähe zu deinen Konditionen, zu deinen Vorgaben in Bezug auf Raum und Zeit, einforderst.

1

2

3

IM GESPRÄCH BLEIBEN

Ziel jeder Freigabe ist natürlich, dass dein Hund dich danach nicht völlig aus seinem Kopf verliert. Schau dir also mit dem peripheren Blick an, welches Verhalten er zeigt. Entsprechend seiner Antwort auf dein Lösen eurer Verbindlichkeit, kannst du dann modifizieren. Gerade im Zimmer ohne Ablenkung, wo er nicht durchstarten kann wie auf der Hundewiese, hältst du ihn mal auf Armlänge in deiner Nähe. Viele Hunde schauen regelrecht irritiert und sind überfordert durch das neue Vorgehen. Du erreichst damit, dass dein Hund länger im Gespräch bleibt und bei den Wiederholungen ansprechbarer wird. Ihr bleibt weiter füreinander da, auch wenn ihr gerade mal jeder euer eigenes Ding macht. Die Freigabe ist kein Abschied aus der Beziehung.

WEICH WERDEN BEIM ENGTANZ

Was verändert sich nach diesen neuen Erfahrungen? Das spiegelt dir dein Hund, wenn du den Aufbau der Engtanz-Übung immer wieder variierst: frontal nah zu dir kommen, nach links und nach rechts oder aus der Vorwärtsbewegung zu dir in ein gerades Rückwärtsgehen führen. Dabei geht es stets um ganz kleinschrittige Bewegungen. Dein Blick, Kinn, Schulter, Oberkörper und dein Führarm zeigen die Richtung an. Kommt ihr in ein harmonisches Einpendeln in der Bewegung? Spielt ihr zu zweit mit Nähe und Distanz? Dieser Tanz soll angenehm sein, auch wenn dein Hund möglicherweise zunächst Abwehrspannung aufbaut. Gehe mit in diese Spannung des Hundes, halte das Spannungsfeld. Bleibe dabei wohlwollend und probiere aus, was noch geht. Öffne den Raum. Vermeide den Kampf, mixe stattdessen deine weiche, minimale Nachgiebigkeit mit einer klaren Führung, bahne euch den Weg. Das nennt man Faszilitieren. Damit ist gemeint, die Körperwahrnehmung zu fördern und die physiologische Bewegungsorganisation zu ermöglichen.

Ziel beim Engtanz ist, deinen Hund aus der Nähe vor dir an deine Seite, nach rechts, nach links und auch rückwärts zu führen. Dabei soll er weich und durchlässig bleiben.

4

1–4 Nicole mit Hedi: „Wir erden uns beim Nahtanz. Ganz wichtig war und ist es für Hedi, wenn ich den Engtanz als geführtes Gehen immer wieder einmal im Alltag praktiziere."

Paula und Karla: „Die Botschaft ‚wir gehören zusammen' braucht Karla schon beim Hinausgehen aus der Haustür. Dann bleibt diese jagdlich hoch ambitionierte Hündin auch an mir orientiert, wenn Rehe auftauchen. ‚Komm nah zu mir' und ‚lass uns zusammen gehen' ist unsere wichtigste, wiederkehrende Übungseinheit."

Elemente der körpersprachlichen Kommunikation vereint

Der Engtanz vereint viele Elemente der körpersprachlichen Kommunikation. Hier geht es um ganz kleinschrittige Bewegungen. Dein Blick und deine Schulterstellung geben deinem Hund die Richtung vor. Natürlich immer mit Ansprache samt Namensnennung und Gewichtsverlagerung hin zum Hund, wie bereits eingeübt. Du vermittelst deinem Hund: *„Du bist gemeint. Komm nah zu mir. Lass uns das gemeinsam tun."* Den einen Schritt nach hinten, bei dem dein Blick in deinen Füßen bleibt und den Hund nach vorne einlädt. Dann dein Schritt nach vorne – natürlich die Ansprache nicht vergessen – und du dringst in den Raum des Hundes ein und „schiebst“ ihn nach hinten. Erneute Ansprache zum Hund, mit Schulter und Blick nach rechts führen oder genauso nach links. Damit formst du, was ihr gemeinsam tun werdet. Wichtig ist, dass der Hund dem Menschen dabei ins Gesicht schaut, du seinen Kopf also entsprechend weich anhebst, während du über ihn hinwegblickst und deine Augen exakt dahinführen, wo der Hund ankommen soll. Es ist für viele Hunde eine hohe Anforderung, dabei in voller Konzentration zu bleiben. Deshalb reagieren einige auch abweisend: Engtanz? Bitte nicht! Mit ruhig entschlossener Beharrlichkeit lässt sich die Zugewandtheit, die bereitwillige Orientierung an dir, allerdings fast immer steigern. Über die Wiederholungen der Übung kommt ihr nach dem Austesten in eine Annäherung und in ein echtes Gespräch. Also bleib am Ball, integriere die Übung zunächst täglich in euer Zusammensein und wiederhole sie stets drei, vier Mal hintereinander.

Und denk daran: Mit dem Auflösungssignal, das jede dieser Wiederholungen beendet, setzt du die Erinnerung daran, dass du die Koordinaten eures gemeinsamen Tuns vorgibst, den Beginn ebenso wie das Ende. Davon profitiert ihr schließlich in vielen anderen Lebenslagen.

Freude über die Nähe zueinander, verbindet Paula und Karla.

IMMER DABEI: DEIN KÖRPER

Viele haben diese Erfahrung gemacht: Futter, Blocken, eine ultimativ neue Methode, noch mehr Hilfsmittel, immer komplexere Konzepte für den Umgang mit dem Hund – all das führt letztlich eher selten zum Ziel einer freudig zugewandten Mensch-Hund-Beziehung. Viele Halter rüsten auf, um den Alltag mit ihren vierbeinigen Begleitern zu meistern. Damit entfernen sie sich immer weiter vom wirklich verbindenden Element dieser seit Jahrtausenden bestehenden Beziehung – der Körpersprache. Denn das wichtigste Instrument für die Verständigung zwischen Mensch und Hund haben wir immer bei uns: unseren Körper. Hunde sind Meister der feinen körpersprachlichen Signale und können uns lesen wie kaum ein zweites Tier. Darauf können wir bauen und uns entsprechend weiterentwickeln.

ÜBERLEBENS-FAKTOR GEMEINSCHAFT

ORIENTIERT, TROTZ AUSSENREIZ

Unabhängig vom verlockenden Außenreiz bleiben die Hunde orientiert am Menschen, sodass mit lockerer Leine der Weg am anderen Hund vorbei fortgesetzt werden kann.

Lebenswichtig: der Zusammenhalt

Gemeinschaften zu bilden, ist biologisch sinnvoll. Kein Wunder, dass es in der Natur so intensiv praktiziert wird: im Ameisenhaufen, auf der Rinderweide, im Bienenstock, auf der Pferdekoppel oder im Wolfsrudel.

Die Gemeinschaft sichert das Überleben. Sowohl Menschen als auch Hunde setzen auf den Zusammenschluss – wir in Familien-, Nachbarschafts- oder Freundesstrukturen, der Hund im Rudel, in der Gruppe. Nur die Gemeinschaft gibt den Schutz und die Sicherheit, die sowohl für den Menschen als auch für den Hund überlebenswichtig sind.

Was zeichnet diese Gemeinschaften aus? Ihre existentielle Kraft entsteht, weil innerhalb der Gemeinschaft jeder seine Fähigkeiten einbringt, neue Kompetenzen wachsen können, die Rollen- und Aufgabenverteilung klar ist und Schwächere gestützt werden (zumindest im Idealfall). Schon von klein auf lernt der Nachwuchs von den Älteren, von denen mit Erfahrung und Kompetenz. Wie wichtig ist für den Säugling und das Kleinkind das Prinzip Nähe, um dann immer mehr Freiheiten ausprobieren zu können. **Stabile, vertrauensvolle Nähe schafft die Voraussetzung für Sicherheit in der Distanz. Das gilt auch für unsere Hunde.** Und bei der Nähe-Übung gibt es einiges zu entdecken – in Bezug auf das Tier und auf uns als Hunde-Mensch gleichermaßen.

»Die Nähe zum Menschen ist das höchste Gut in der Beziehung zum Hund.«

1 | 2

1 Kommt euch ein Mensch-Hunde-Team entgegen, empfiehlt es sich, dich zwischen deinem und dem anderen Hund zu bewegen. Also leite rechtzeitig den Seitenwechsel durch Ansprache und Verlagerung zum Hund ein.

2 Öffne den Weg auf deine andere Seite.

KOMM NAH ZU MIR

Hunde drängeln sich zwischen ihre Menschen auf die Couch, fordern Aufmerksamkeit und Streicheleinheiten offensiv ein, zeigen normalerweise keine Berührungsängste oder Abneigung in Bezug auf Nähe zum Menschen. Aber was passiert, wenn du deinen Hund aufforderst, jetzt, und zwar sofort, nah zu dir zu kommen? Folgt er immer bereitwillig dieser Einladung oder hat er gerade etwas Besseres zu tun? Wie in den sozialen Gemeinschaften von Wölfen und Hundeverbänden entscheidet der Faktor Nähe über die Sicherheit jedes Gruppenmitglieds. Die Gemeinschaft sichert das Individuum. Diese Tatsache wird durch das gemeinsame Tun definiert. Jeder selbstständige Austritt eines Einzelnen aus der Gruppe stellt eine Gefahr für alle dar. Das Zusammenbleiben der gesamten Gruppe hat also höchste Priorität. Entfernt sich einer unaufgefordert von den anderen, wird er unterbrochen oder sanktioniert.

Verbindlichkeit und Durchsetzungskraft

Wie gehst du mit Verbindlichkeit und Durchsetzungskraft um? Erwartest du erst im Konfliktfall, dass dein Hund so nah wie möglich bei dir bleibt?

3

3 Setze dort erneut eine Ansprache und beschreibe mit Augen, Schultern und Bein den neuen Weg.

Ohne eure Gemeinschaft in stressfreien Zusammenhängen geklärt und stabilisiert zu haben, wäre das fast schon anmaßend. Wir wollen, dass Hunde erfahren, wie angenehm Nähe zum Menschen ist. Allerdings reagieren Hunde unterschiedlich. Es ist kein Problem, wenn sie bei deinen wiederholten Aufforderungen, ganz nah zu kommen, so etwas wie Demutsverhalten, eine leichte Unterwürfigkeit zeigen, ähnlich wie Welpen der Mutterhündin gegenüber auftreten, wenn diese ein bestimmtes Verhalten unmissverständlich einfordert. Manche Menschen haben ein Problem mit devotem Verhalten. Wer möchte heute noch an den Kasernenhofton anknüpfen, der vor Jahrzehnten auf Hundeplätzen geherrscht hat? Um den geht's hier natürlich überhaupt nicht. Mir ist etwas ganz anderes wichtig. Hunde können ihr Verhalten extrem gut dem Gegenüber anpassen, das dient seit Jahrtausenden dem Zusammenhalt der Gemeinschaft. Sie lernen beim Üben mit dir, sich immer weicher, bereitwilliger deiner Führung hinzugeben. Deshalb bekommt der Engtanz für euch in den nächsten Wochen hohe Priorität. Der überträgt das Prinzip Nähe in kleine, klar definierte Bewegungen. Je sicherer ihr werdet, desto mehr Harmonie.

DER NAME WIRD ZUM ZAUBERWORT

Den Namen des Hundes setzt du gezielt ein. Wenn du dein Tier mit seinem Namen ansprichst, ist das verbunden mit einer leichten Verlagerung des Oberkörpers zum Angesprochenen hin. Diese Distanzverringerung gehört immer zur Ansprache dazu. Die Kombination von sichtbarer Körpersprache mit verbaler Ansprache mit dem Namen verstärkt die Bereitschaft des Angesprochenen, sich zu dir hinzuorientieren – vor allem natürlich, wenn das Verhalten in der Anfangsphase jedes Mal mit Futter belohnt wurde. Die verbale Ansprache hilft uns Menschen immer, uns wirklich zum Angesprochenen hinzuverlagern. Außerdem ist es hilfreich, wenn dein Hund gelernt hat, auf die Nennung seines Namens immer zum Menschen zu schauen. So erreichst du ihn und steigerst seine Orientierung an dir, selbst wenn er vor dir läuft.

Wissenschaftlich klingt das so: Der evokative Stimulus ist der Name des Hundes. Der Hund lernt, mit einem Blick in das Gesicht des Menschen zu reagieren, wenn sein Name gesagt wird. Der Hund schaut eigenmotiviert zum Menschen. So lernt er für das weitere Leben mit seinem Menschen: Wenn mein Name ertönt, verringert sich die Distanz zwischen uns. Nähe gibt Sicherheit, schafft Entspannung und ist oft der Schlüssel zur Lösung von Problemen. Wichtig ist, dass der Hund versteht: **Innerhalb meiner Gemeinschaft bin ich immer sicher. Dafür lohnt es sich, zugewandt und orientiert am Menschen zu sein.**

VARIATIONEN DER SITZÜBUNG

Das regelmäßige Training hat euch beiden Freude gemacht, die Wirkung ist sichtbar. Also alles bestens. Ihr seid reif für Erweiterungen der Hausaufgaben.

Du erinnerst dich: Dein Hund sitzt frontal ruhig und aufmerksam vor dir, während du einfach nur stehst, leicht über ihn hinwegschaust, atmest. Probiere aus, einen Meter zurückzutreten oder einen Schritt zur Seite zu gehen,

Wer den Kopf des Hundes rahmt, …

die Frontale zu verlassen und dich seitlich zu ihm zu platzieren. Dein Hund hat verstanden, dass er ohne Aufforderung das Sitz nicht aufheben darf? Perfekt. Dann verlegt die Übung aus dem reizarmen Zuhause ins Freie, zunächst an ruhige Plätze, schließlich mit steigender Verlockung durch Außenreize wie Fußgänger, Radfahrer oder andere Hunde. Wenn auch das immer verlässlicher klappt, verzichte bei der Übung auf die Leine. So kannst du natürlich auch bei den Engtanz-Übungseinheiten vorgehen, um euch gemeinsam weiterzuentwickeln. Such dir ein Plätzchen im Wald für euer Tänzchen. Und auf dem Weg dahin verinnerliche mal wieder dein Mantra für die stets gleichen, wiederkehrenden Abläufe:

1. Ansprache
2. Erhöhung der Aufmerksamkeit des Hundes
3. Distanz verringern
4. Anschlussverhalten zum gemeinsamen Tun

... lenkt seine volle Aufmerksamkeit zum Menschen und erleichtert ihm damit die verlässliche Orientierung am Menschen, auch in den folgenden Bewegungen.

ÜBUNG

DER ERSTE GEMEINSAME SCHRITT

Eure Feinabstimmung wird immer verlässlicher? Dann seid ihr reif für den nächsten Schritt. Und zwar im wahrsten Sinne des Wortes.

So geht's

1. Dein Hund ist links neben dir im Sitz.
2. Du hältst die Leine in der rechten Hand und greifst sie wie eine Kaffeetasse.
3. Du stehst stabil.
4. Dein Blick geht nach vorne.
5. Mit dem Blick und der Verlagerung deines Oberkörpers nach links zum Hund und der Ansprache des Hundes mit Namen, holst du dir seine Aufmerksamkeit.
6. Der Kopf des Hundes geht hoch zu dir.
7. Du führst deinen Blick vom Hund für die bevorstehende Bewegung in dein linkes Bein ganz nah an deinen Körper.
8. Nach dieser Öffnung zum gemeinsamen Gehen muss dein Blick prompt hoch nach vorne gehen.
9. Du machst den ersten Schritt mit deinem rechten Bein.
10. Dieser Führung deiner Augen folgt dein Hund, er macht die Bewegung eines ersten Schrittes exakt mit.
11. Gemeinsam haltet ihr an. Das ist der Beweis für die optimale Orientierung deines Hundes an dir.

1 Ansprache, …
2 … Öffnung in die Bewegungsrichtung …

1

2

3 ...und gemeinsames Gehen sind fließende Elemente einer gezielten Bewegung. Denen folgt der Hund, gut orientiert, bereitwillig.

3

GEMEINSAM ANHALTEN – KEIN STOPP

Ein an dir orientierter Hund bekommt jede Regung deines Körpers mit. Er folgt deinem Schritt leicht versetzt in schöner Synchronizität. Er bleibt mit dir stehen, wenn du stehen bleibst. Dafür braucht er keine verbale Ansage und keine überdeutliche körpersprachliche Ankündigung. Es reicht völlig, wenn deine feine Gewichtsverlagerung ganz kurz zum Hund geht und der Raum, in dem ihr gemeinsam anhalten werdet, danach freigegeben wird, indem du dich wieder mehr in deine eigene Stabilität verlagerst: Dein Hund ist links von dir, dann geht dein Gewicht kurz auf dein linkes Bein, anschließend wieder mehr nach rechts und abschließend in den stabilen Stand.

Dieses gemeinsame Stehenbleiben gibt dir unübersehbar Auskunft darüber, ob dein Hund konzentriert im Gespräch mit dir ist und sich völlig an dir orientiert.

Bist du mit mehreren Hunden unterwegs, muss zunächst natürlich jeder Hund einzeln auf dieses gemeinsame Gehen und Stehen vorbereitet werden. Habt ihr euch diese Fähigkeit erarbeitet, sprichst du zum Beispiel erst die links geführten Hunde an und in deiner nächsten Bewegung folgt die kleine Verlagerung nach rechts zu den dort laufenden Tieren. Wichtig ist dann, etwas schneller als beim Gehen mit nur einem Hund in den stabilen Stand zu kommen.

Mit dieser Übung kannst du überprüfen, wie verbindlich und klar ihr miteinander im Gespräch seid. Auf deine Ansprache liegt die Konzentration des Hundes voll auf dir. Schön, wenn

1

2

3

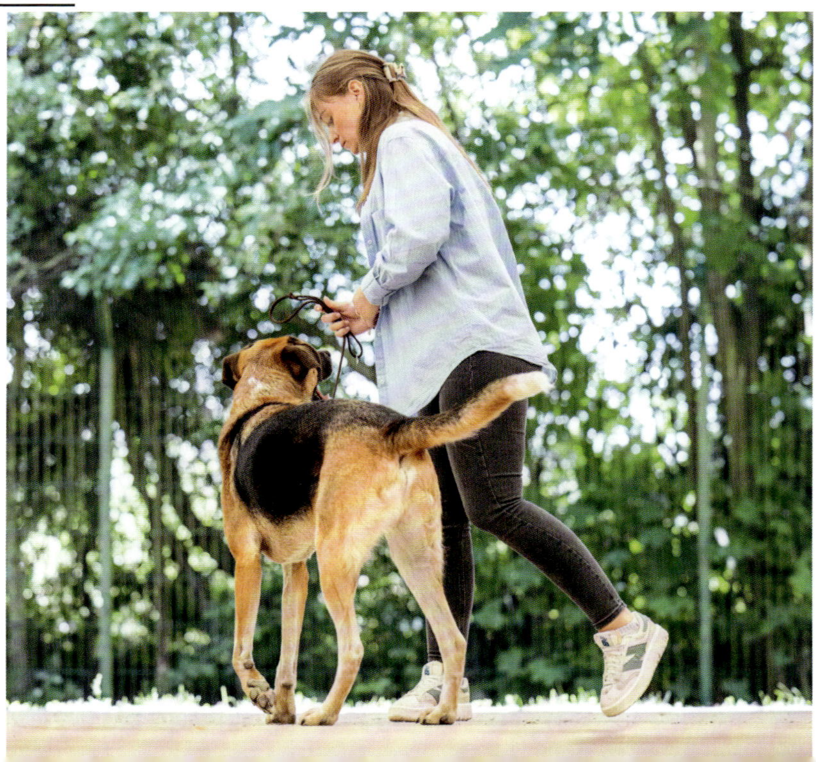

er interessiert hochschaut und dann die von dir eingeleitete, kleine Bewegung mitmacht. Da, wo du die Bewegung enden lässt, stoppt dein Hund ohne weitere Einwirkung von dir.
Der Alltag zeigt: zwischen Ansprache und erstem Schritt verlieren sich die meisten Gespräche zwischen Mensch und Hund. Mit dieser kleinteiligen Übung kannst du ihn dafür sensibilisieren, dir länger zuzuhören, den Zeitraum seiner Orientierung an dir zu verlängern.

4

1–4 Djamila mit Paul: „Von den Genen her hätte es mit diesem Herdenschutzhund auch in eine andere Richtung gehen können. Entscheidend waren und sind bei Paul die Elemente Kopf rahmen, Seitenwechsel, Engtanz. Da wacht er auf." Das zeigt er im gut orientierten Folgen auf jede körpersprachliche Kommunikation.

DA FEHLT NOCH WAS?

Dein Hund bekommt deine Ansprache zwar mit, verliert sich aber zwischen Ansprache und erster Öffnung in die Bewegung, folgt deiner Aufforderung deshalb nicht exakt spiegelbildlich? Er schnuppert am Boden oder weicht aus?
Überprüfe, ob dein Blick beim Hund hängen geblieben ist. Diesen beobachtenden Blick beantworten viele Hunde mit Schnuppern oder Abwenden. Mit der optimalen Verbindung von öffnender Bewegung und deutlichem Blick in Richtung eurer gemeinsamen Bewegung wird es für deinen Hund leichter, synchron mit dir in Bewegung zu kommen.
Du willst sicherer werden in diesem körpersprachlichen Ablauf? Dann übe einfach mal mit dir selbst. Deine Ansprache geht dabei in die eigene Hand (die also den Hund symbolisiert). Jetzt hast du alle Zeit der Welt genau wahrzunehmen, ob dein Kinn nach der Ansprache oben bleibt, und du so den hemmenden Kontrollblick ausschließen kannst. Kannst du diese verfeinerte Ansprache auf euren Spaziergängen bei einem kurzen Stück Leinenführigkeit bereits anwenden? Einfach mal ausprobieren – könnte ja gut werden. Aber zähme deine Erwartungen und sei mit den kleinen guten Antworten zufrieden. Verlässlicher wird's, wenn ihr weiter an den Grundlagen arbeitet. Deshalb lohnt es sich, die Trainingseinheiten zu variieren.

1

2

3

ÜBUNG

„KOMM NAH ZU MIR“

Bei dieser Übung führst du deinen Hund ganz nah zu dir heran. Dafür reicht eine Viertelöffnung deines Körpers aus der Frontalen in Richtung „drei Uhr“. Wichtig ist das punktgenaue Loslaufen im Einklang von Mensch und Hund.
Folgt dein Hund deiner Aufforderung, deinem führenden Blick, ist er bei jedem Element dieser gemeinsamen Übung an dir orientiert, kommt er punktgenau bei dir an? Bleibt er bei dir, bis du ihn frei gibst oder eure nächste Aktion einleitest?
Überprüfe dich: Blick rausgenommen? Klare Führung über die Schulter? Kinn parallel zum Boden? Ging dein Blick eindeutig zum Zielpunkt?

So geht's

1. Stabiler Stand.
2. Leine in der rechten Hand.
3. Greife die Leine so, als ob du eine Kaffeetasse hältst. Dadurch geht deine Leinenhand in der Bewegung automatisch eher nach oben und es fällt deinem Hund leichter, dir ins Gesicht zu schauen.
4. Hund frontal vor dir im Sitz.
5. Dein Blick geht über den Hund hinweg (wie vor der Ampel leicht nach oben gerichtet, dein Kopf bleibt stabil und dein Kinn parallel zum Boden – dann weißt du, dass du nicht in den Kontrollblick verfällst).
6. Zur Ansprache deines Hundes erst eine leichte Verlagerung deines Körpers nach hinten, linke Fußspitze leicht nach oben, danach die Verlagerung aus dem Oberkörper minimal nach vorne, Ansprache des Hundes mit seinem Namen.
7. Anschließend ein deutliches Öffnen des Raumes als Einladung zur Bewegung: Öffnung deiner rechten Schulter um etwa 45 Grad nach rechts, Blick geht in diese Richtung, Gewichtsverlagerung auf dein rechtes Bein, kleine Drehung nach rechts, deinen Blick ganz nah in deine eigene Körpermitte führen.

1–4 Damit der Richtungswechsel gelingt, wird er fair und nachvollziehbar mit Ansprache (1), Verlagerung zum Hund (2) sowie Öffnung über Blick und Schulter eingeleitet (3 und 4).

5 Die Einladung zum Nahkommen ist die beste Gelegenheit, Freude über den gemeinsam zurückgelegten Weg auszudrücken.

4

5

8. Hinhocken.
9. Blick nach oben rausnehmen. Dein Hund folgt dieser in der Bewegung formulierten Einladung mit Schulter und Blick und kommt nah an dich heran.
10. Du nimmst seinen Kopf zwischen deine beiden Hände.
11. Kurz halten und diese angenehme Nähe nach einer kleinen Weile bewusst lösen, mit Namensnennung und eurem Begriff für die Auflösung dieser Verbindung („Du darfst“ oder „Fertig“), Hände loslassen. Zusätzlich kannst du eventuell noch einen sanften Impuls an der Hundeschulter zur Freigabe geben.

Nähe miteinander genießen, stabilisiert die Gemeinschaft.

Ziele dieser Übung

– Dein Hund lernt, möglichst lange zu dir zu schauen und mit dir im Kontakt zu bleiben.
– Er schaut dich immer länger an.
– Seine Konzentration bleibt immer länger bei dir.
– Dein Hund bleibt im verbindlichen Moment (im Sitz).
– Er reagiert prompt auf deine Ansprache und wartet auf den Start eurer gemeinsamen Aktion.
– Er bleibt an dir orientiert, also mit seinem Blick, mit einem Ohr bei dir, bewegt sich synchron und nimmt dein Angebot zum Näherkommen bereitwillig an. Eure Gemeinschaft ist stabil.

Auch bei dieser Übung ist es wichtig, dass ihr sie mehrfach hintereinander ausführt. Ziel ist, dass dein Hund jedes Mal, wenn du dich zu ihm hin verlagerst, seine Konzentration, seinen Blick, bei dir lässt und ihr die Bewegung im exakten Gleichklang ausführt. Ganz nebenbei trainiert ihr das Nähe- und Distanz-Verhalten. Dein Hund erlebt die Nähe zu dir als angenehm, weil du dich spürbar freust, wenn er exakt bei dir ankommt.

Und du darfst gern ein bisschen stolz darauf sein, wie exakt dein Blick in deinen Körper hineingeführt hat.

STREICHELN BELOHNT

Ist dir dein Hund nah gekommen, bitte so streicheln, dass er deine Freude spüren kann. Diese Streicheleinheiten sind das Nonplusultra für die Beziehung. Körperkontakt ist ein wesentliches Belohnungsmittel, mehr noch als die freudige Stimme. Futter ist eigentlich gar nicht nötig. Aber wenn du auf Leckerli nicht verzichten willst, dann kombiniere das Futter bitte unbedingt mit dem Streicheln. Also zunächst immer mit einer Hand streicheln und erst dann zusätzlich mit der anderen füttern. Die liebkosende Hand des Menschen soll immer spürbar sein. Futter darf nur als Verstärker dienen, nie als Lockmittel. Du willst ja soziopositives Verhalten fördern, also die Zugewandtheit steigern – nicht die Nahrungsaufnahme. Deshalb auch das Futter niemals bereits in der Hand bereithalten, sondern nach dem Ankommen aus der Tasche holen und dann mit dem Streicheln verknüpfen.

Das passiert nicht nur beim Kuscheln auf dem Sofa, sondern auch beim gemeinsamen Bummel durch die Stadt oder beim Spaziergang auf der Wiese.

IDEAL FÜR DEN BEZIEHUNGS-AUFBAU BEIM WELPEN

Diese körpersprachliche Einladung in die Nähe ist geradezu ideal für die Kontaktaufnahme zum Welpen. Selbst die Jüngsten reagieren immer bereitwilliger, wenn ihr Mensch sie wiederkehrend gleichbleibend anspricht, in die Hocke geht, sanft streichelt und Futter aus der Tasche holt, um es während der Streicheleinheit anzubieten. Wichtig ist, diese Futtergabe allmählich abzubauen. Sie dient lediglich als Verstärker für den Aufbau der Nähe. Der körperliche Kontakt und das Streicheln bleiben entscheidend und immer eine gute Wahl. Nähe auf diese Art einzuführen, die Orientierung zum Menschen mit der Ansprache und der Einladung aufzubauen, das kannst du gleich, wenn ein Welpe bei dir einzieht. Nutze vielfältige Situationen, um den neuen Mitbewohner anzusprechen, seine Aufmerksamkeit auf dich zu lenken. Gut ist, in die Hocke zu gehen und ihn ganz nah zu dir einzuladen. Dort angekommen, gibt es Streicheleinheiten und Futter. Du weißt ja, erst aus der Tasche holen, wenn das Felltier bei dir angekommen ist und immer mit dem Schmusen verbinden. Eine Hausleine am Welpen zu haben, bewährt sich natürlich, nicht zuletzt bei dieser Arbeit an eurer stabilen Gemeinschaft. So kannst du seinen Radius jederzeit beeinflussen. Das kannst du auf jeden Hund, der neu zu dir kommt, übertragen.

ÜBUNG

EINLADUNG ZUM NAHEKOMMEN

1

Bei dir zieht der ersehnte Welpe ein oder ein schon etwas älterer Hund, dem du ein Zuhause bieten willst? Dann nehmt euch die Zeit zum Kennenlernen, die ihr jetzt braucht. Gut unterstützen kannst du diesen Prozess mit der Einladung zum Nahekommen. Als allererstes und zentrales Element eurer Beziehung etablierst du die Nähe zu dir als das Angenehmste und Wichtigste in der Welt des neuen Hundes. Damit kannst du unmittelbar nach dem Einzug anfangen. Da du deinem Vierbeiner den Raum vorgibst, in dem er sich bewegen darf, wirst du reichlich Gelegenheiten finden, ihn immer wieder in deine Nähe zu führen. Das Prinzip Nähe wird dabei stets nur mit angenehmen Erfahrungen und Gefühlen verbunden. Streicheln, füttern, im ruhigen Rhythmus atmen – all das verbindet euch. Stärke das Fundament eurer Gemeinschaft.

So geht's

1. Verlagere dich bei der Ansprache mit gebeugtem Oberkörper leicht in den Raum des Welpen.
2. Öffne mit Augen, Kopf, Schulter und Bein sowie der Leinenhand den Weg zu dir.
3. Gehe in die Hocke und führe deinen Blick zu deinem Bauchnabel, tief in dich hinein. So machst du dem Vierbeiner den Weg frei, näher an dich heranzukommen.
4. Streichle deinen Welpen freudig und hole in aller Ruhe das Leckerchen aus der Tasche.
5. Und während der Welpe genüsslich kaut, bleibt deine Hand am Hund. Streicheln und Füttern gehören zusammen, die Leckerli-Gaben werden sowieso Zug um Zug reduziert, während das freundliche Kraulen später bei deinem erwachsenen Hund beibehalten wird.

4

2

3

5

1 Verlagerung zum Hund mit Gewicht auf dem linken Fuß.

2 Gewicht auf dem rechten Fuß, Öffnung des Weges nahe zu dir.

3 Abhocken, in deine Mitte blicken.

4 Streicheln und Futter aus der Hosentasche holen.

5 Beim Füttern weiter streicheln.

SICHERHEIT DANK MENSCH-MENSCH-ÜBUNGEN

Nicht wundern, ihr lauft immer noch nicht mit der Leine in der Hand los. Überspringst du die Grundlagenarbeit oder wirst du dabei nachlässig, versteht dein Hund nicht, was du von ihm willst. Um fair zu bleiben, investierst du erneut Zeit in eine Übung ohne Tier.
Je klarer und eindeutiger deine Bewegungsabläufe sind, desto einfacher machst du es deinem Vierbeiner. Deshalb ist es ideal, Bewegungsabläufe in einer Mensch-Mensch-Übung zu verfeinern. Dein zweibeiniges Gegenüber wird dir klare, verbale Rückmeldungen über deine Körpersprache und Mimik geben. Ist dein Gesichtsausdruck abweisend, weil du so konzentriert auf die Bewegung achten willst? Das merkt auch dein Hund und meidet vielleicht deshalb deine Nähe. Ein Lächeln prägt deine Ausstrahlung und kommt beim Hund als Verstärker für das freudige Miteinander an.

ÜBUNG

DIE TASSEN-ÜBUNG

Nicht immer ist ein Zweibeiner zum Üben deiner gezielten Bewegungen in der Nähe. Kein Problem. Starte mit der Tassenübung in den Tag. Dein Kaffee- oder Teepott steht vor dir auf dem Küchentresen, genau dir gegenüber. Auch wenn es albern klingt, sprich die Tasse mit Gewicht auf dem linken Fuß an, nimm sie in die linke Hand, wechsel sie in die rechte Hand und öffne mit deiner rechten Schulter in die Seitwärtsbewegung und trinke, wenn

1

2

die Vierteldrehung vollendet ist. Den Tag kannst du beschließen, indem du den Ablauf beim Zähneputzen ganz ähnlich für dein Körperbewusstsein nutzt. Diese kleinen Rituale wirken wahre Wunder, Bewegungen werden automatisiert und ohne Nachzudenken in das Leben mit deinem Hund integriert.

Erinnere dich an den Anfang: Wie viel bist du bereit, für dein Ziel, Leinenführigkeit in jeder Lebenslage, zu investieren? Um alte, vertraute Bewegungsmuster zu verändern und die neuen zu etablieren, braucht es Training. Erst durch Wiederholungen wirst du geschult, selbst bei Stress geradezu reflexhaft auf das erlernte Bewegungsmuster zurückzugreifen. Wer beim Trainieren schludert, greift sonst auf das alte Vertraute zurück. Das verunsichert den Hund. Auf dem Weg zur Leinenführigkeit bewegst du zunächst weniger den Hund, dafür umso mehr dich. Erst wenn du quasi im Schlaf deine Ansprache, deine Öffnung, deinen Weg zum Ziel wiederkehrend gleichbleibend abrufen und eindeutig formulieren kannst, darfst du den Anschluss und das Folgen vom Hund verlangen. Also überprüfe dich selbstkritisch. Optimal vorbereitet, bist du bereit für die nächste Aufgabe im Trainingsplan.

1 Tassen-Übung: wichtig für Bewegungsabläufe.

2 Wechselst du die Tasse aus der linken in die rechte Hand, …

3 … öffnest du über deine rechte Schulter in die Bewegungsrichtung.

4 Beim Schluck aus der Tasse bist du optimal gerade zum Ziel ausgerichtet.

3

4

1

2

1 Dein Hund ist im Sitz vor dir, du stehst im stabilen Stand und nimmst ihn im peripheren Sehen gerade noch wahr.

2 Mit der Ansprache zu ihm hin, dem Blick in sein Gesicht und dem kleinen Schritt auf ihn zu, steigerst du seine Aufmerksamkeit.

3 Dein Hund startet nach deiner Öffnung über Auge, Schulter, Bein synchron mit dir in die Bewegungsrichtung.

ÜBUNG

GEMEINSAM LOSGEHEN

Nun könnt ihr die Strecke des gemeinsamen Gehens verlängern. Ihr beginnt im häuslichen Umfeld, ohne Ablenkung auf dem Weg nach rechts. Für euer Ziel der Leinenführigkeit, dank des stabil orientierten Hundes, ist es wichtig, geduldig zu bleiben und immer wieder das Fundament durch die Grundlagenarbeit zu stärken.

So geht's

1. Stabiler Stand.
2. Leine in der rechten Hand, leicht gespannt.
3. Hund im Sitz frontal gegenüber.
4. Ansprache zum Hund. Also Blick ins Hundegesicht, Gewichtsverlagerung im Oberkörper leicht nach vorne.
5. Kleiner Schritt mit linkem Fuß nach vorne. Gewicht auf dem linken Fuß.
6. Leine wird locker.
7. Dein Blick geht nach oben (Ampel). Hund orientiert sich am Menschen.
8. Deine rechte Schulter öffnet die Bewegung ins rechte Bein.
9. Auf der gedachten Linie gemeinsam losgehen.
10. Hund folgt spiegelbildlich, Leine bleibt locker (Spannung auf der Leine zeigt, dass sich der Hund schon ein Stück weit aus dem Gespräch verabschiedet hat).
11. Einige Schritte gehen.
12. Dann kommentarlos stehen bleiben.
13. Ist dein Hund gut an dir orientiert, hält er nahezu zeitgleich mit dir an.
14. Seine Aufmerksamkeit bleibt bei dir. Deine Aufmerksamkeit geht nicht zum Hund, du bleibst ganz bei dir. Atmen nicht vergessen.

LERNINSELN SCHAFFEN

Wunder brauchen länger. Kein Hund schafft es von Anfang an, dauerhaft am Menschen orientiert zu bleiben und an lockerer Leine nebenher zu traben. Wir Zweibeiner erwarten da oft zu früh zu viel – und zwar meist vom anderen, nicht unbedingt von uns selbst. Deshalb plädiere ich sehr

SOLOAUFTRITT BEIM ÜBEN

Bei dir leben mehrere Hunde im Haushalt? Dann ist es vor allem in der Anfangszeit gut, beim Üben nur den Hund im Raum zu lassen, mit dem du arbeiten willst. Ansonsten kann deine und die Aufmerksamkeit deines Hundes gestört werden.

3

dafür: schaff dir Lerninseln. Du solltest euer Trainingsprogramm ritualisiert aufbauen, dann wird für deinen Hund nachvollziehbarer, worum es geht. Wenn die kurze Leine und das Halsband für Verbindlichkeit stehen und die lange Leine oder das Geschirr freieres Bewegen symbolisieren, macht das euer Zusammenleben einfacher. Beginnst du mit deiner Arbeit an der Leinenführigkeit, solltest du zumindest in der Anfangszeit deinen Hund immer erst einmal vor dir positionieren, damit deine Ansprache und die gemeinsamen Schritte aus der Frontalen heraus verlässlich aufgebaut sind. Für die Ansprache aus einer freien Situation heraus, solltest du euch noch etwas Zeit lassen. Sind die Lernintervalle relativ kurz, zum Beispiel ein bis zwei Minuten, kann dein Tier seine Konzentration sicher besser halten als bei übertrieben langen Einheiten. Ein bis zwei Wiederholungen reichen für den Anfang. Schritt für Schritt kannst du eure Übungssequenzen verlängern und je nach Orientierung des Hundes an dir auch inszenierte Reize hinzunehmen. Ihr beide braucht Zeit, um das neue Miteinander zu verinnerlichen.

ANLEINEN WIRD ZUM RITUAL

Der Alltag bietet dir und deinem Tier reichlich Übungsfelder. Um den Einstieg in die gemeinsame Arbeit an eurer Orientierung zu ritualisieren, kannst du bereits das tägliche Anleinen nutzen. Nicht schnell nebenbei fast schon im Gehen den Haken einklicken, sondern erst einmal durchatmen, deinen Hund mit seinem Namen ansprechen, das verlässliche Sitz frontal vor dir einfordern, Blick rausnehmen, Leine sortieren, deinen Oberkörper in den Raum des Hundes verlagern und erst dann anleinen. Das dauert auch nicht viel länger, als ein hastiges Festhalten und Einhaken. Doch der Effekt ist beachtlich: Du stabilisierst damit deine Körpersprache, wirst immer verlässlicher und nachvollziehbarer für den Hund durch deine wiederkehrenden Bewegungsabläufe. Du schaffst Ruhe, bevor ihr gemeinsam losgeht. Ist das Energieniveau bei deinem Vierbeiner gerade sehr hoch, lass ihn nach den ersten paar Schritten und einer zweiten Ansprache gleich nach dem Loslaufen bei dir einkehren und deine Nähe spüren.

Ruhe, Nähe, automatisiertes Ansprechen, Orientierung des Hundes am Menschen schon vor dem gemeinsamen Losgehen sind die Elemente des Rituals.

Es gibt Hundetypen und Charaktere, bei denen heißt „Leine dran" wir gehen jagen. Da schwappt der Hormoncocktail schon vor der Ansprache über und die Ansprechbarkeit geht gegen Null, die Biochemie dominiert die Orientierung. Wer diese Erfahrungen kennt, kann in den eigenen vier Wänden immer mal wieder die Leine anklicken, ohne dass gemeinsame Aktivität entsteht. Ruhe auch mit Leine statt Leine gleich (unkontrollierte) Bewegung öffnet den Weg zur gemeinsamen sozialen Bewegung und kann mit der Zeit die stoffwechselrelevante Bewegung – sprich den Impuls zu übermäßiger Dynamik – ersetzen.

1

2

3

1–6 Auch beim Aussteigen aus dem Auto geht es um konzentrierte Ruhe, damit das Miteinander gelingt. Dafür ist das Rahmen des Kopfes und die Schrittfolge wie im Engtanz eine wirksame Maßnahme. Aus der Nähe des Menschen, voll orientiert am Zweibeiner, gelingt es, Außenreize auszublenden und gemeinsam gelassen loszugehen.

Nur wenn ihr auf der sozialen Ebene miteinander in guter Verbindung seid, könnt ihr Leinenführigkeit erreichen.

STARTET AUS DEM ENGTANZ

Elemente aus dem Engtanz lassen sich gut in das Ritual zum Anleinen deines Hundes integrieren. Wenn dein Vierbeiner bei dieser alltäglichen Routine nicht so recht zur Ruhe kommt, rahmst du seinen Kopf, nimmst ihn also zwischen deine beiden Hände und hebst ihn leicht an, schaust peripher über das Tier hinweg, während dein Hund dir ins Gesicht guckt, atmest tief und wartest, bis sich dein Vierbeiner entspannt und du ihn freigeben kannst. Zusätzlich kannst du seine Orientierung an dir vor dem Losgehen an der Leine stärken, indem du ihn wie beim Engtanz mit Richtungsimpulsen nach rechts oder links führst. Oder ihr geht ein paar Schritte gemeinsam in die von dir vorgegebene Richtung geradeaus – begleitetes Schritt-für-Schritt-, Pfote-für-Pfote-Gehen sieht zwar zugegebenermaßen merkwürdig aus, ist aber bei vielen Hunden überaus wirksam. Wenn du hinterher Rückenschmerzen hast, warst du vielleicht nicht weich genug in deinen Bewegungen?!
Mache dir bewusst, wie ihr mehrmals täglich an der Haustür startet. Bist du in Gedanken schon im Wald und dein Hund stürmt an straffer Leine vorweg? Springt der Vierbeiner freudig und unkontrolliert raus, sobald du die Autotür öffnest? Dann etablierst du genau für diese Alltagssituationen euer Engtanz-Ritual in den ersten gemeinsamen, von dir vorgegebenen, in Zeitlupe ausgeführten Schritten. Diese Rituale geben dem Hund Struktur. Er braucht wiederkehrendes, verlässliches Handeln, um deine Führung anzunehmen.

4

5

6

1

Das tägliche Update erinnert daran, wie du mit deinem Hund gemeinsam durch den Alltag gehen willst. Dabei hast du durchaus im Hinterkopf, wie viel unser reizüberflutetes Leben vom Hund fordert. Ja, Hunde dürfen diese Reize wahrnehmen. Und nein, sie sollen nicht auf jeden Reiz reagieren. Wer neutral bleibt, wenn Katzen sprinten oder Hasen hoppeln, kann auf die Orientierung am Menschen zurückgreifen. Verständlich, wenn dein Hund da immer mal wieder eine Erinnerung an eure Absprache braucht. Damit ihr immer häufiger gelassen und ohne Interventionen von A nach B kommt, legst du in stellvertretenden, von dir inszenierten Konflikten die Basis für eine beständige Orientierung am Menschen. Dein Hund erfährt dabei, dass es Konsequenzen hat, wenn er die Verbindlichkeit aufhebt und die Gemeinschaft ignoriert. Deine Hilfestellungen werden dann weniger häufig nötig sein. Und falls du darauf zurückgreifen musst, hast du dir durch die Übungen die entsprechende Kompetenz erarbeitet. Und das alles durfte dein Hund vorher in Ruhe und ohne Konflikt lernen und verstehen. Du verlangst also nichts, was du vorher nicht erklärt und etabliert hast.

2

3

4

1–4 Wer solch einen prächtigen Bart hat, wie Briard-Hündin Frieda, lässt sich, statt seitlich gerahmt am Kopf, auch mit sanftem Griff in die Haare in aller Ruhe Schritt für Schritt von A nach B führen. Diese Übung formt Bewegungsmuster und schafft damit Voraussetzungen für das Ziel der Leinenführigkeit.

HALSBAND STATT GESCHIRR

Halsband oder Geschirr, darüber lassen sich stundenlange Dispute führen. Ich empfehle für die Übungen ein gutsitzendes Halsband. Wenn der Hund am Geschirr geführt wird, klammert dieses Hilfsmittel den Kopf-, Hals- und Schulterbereich weitgehend aus. Genau in dieser Körperregion verlieren sich jedoch die meisten Hunde aus dem Gespräch. Passiert das im Geschirr, erhalte ich als Mensch immer erst ein verspätetes Feedback zur Kommunikation. Für das Training empfehle ich eine Leine von maximal 1,50 Meter Länge. Das mittelbreite Halsband soll keinen Klickverschluss, sondern eine Schnalle wie ein Hosengürtel haben.

Um die vier Ecken gehen

Ihr habt die ersten gemeinsamen, synchronen Schritte an der lockeren Leine auf einer kurzen Geraden geschafft. Nun folgt die nächste Übung – das gemeinsame Gehen um vier Ecken.

Dein Hund ist orientiert an dir wie dein Spiegelbild mitgegangen, weil deine Bewegungen eindeutig und für ihn klar nachvollziehbar waren. Menschen gelingt es meist gut, über drei, vier Meter hinweg verlässlich in der Bewegung zu sein. Dieses Wissen greift die folgende Übung auf, denn alle vier Meter erinnert eine Pylone daran, den Hund erneut anzusprechen und euren Weg mit deinen Augen, Schultern, Füßen eindeutig zu formulieren. Verschwindet die Markierung aus deinem auf peripheres Sehen eingestellten Blickwinkel, wird es Zeit für die erneute Führungshilfe. Wer so im häuslichen Bereich oder störungsfreien Ambiente lernt, gemeinsam bestens orientiert um die vier Ecken zu gehen, erarbeitet sich die Basis für ein entspanntes Miteinander an der Leine im Freien. Am Viereck wirst du sicher in deiner Führung: Du weißt, wo es hingeht. Dein Hund erkennt deine Kompetenz und orientiert sich bereitwillig an dir. Auf den kurzen Strecken hast du jederzeit die Chance, an eure Grundlagenarbeit anzuknüpfen. Vielleicht verrät dir dein Freund auf vier Pfoten auf der Strecke auch noch etwas über sich, das dir ermöglicht, sein Verhalten noch besser zu antizipieren. Mit jedem weiteren Mosaikstein für das bunte Persönlichkeitsprofil deines Hundes wirst du kompetenter und stärkst durch entsprechende Souveränität eure Beziehung.

1

2

3

4

5

6

1 Beim Gang um die vier Ecken wird das Miteinander trainiert: Ansprache, …

2 … Öffnung in die Bewegung, …

3 … Blick des Menschen zum Zielpunkt, bei Orientierung des Hundes, …

4 … Ansprache zum Richtungswechsel …

5–6 … und Führung durch Auge, Schulter und Bein ermöglichen das synchrone, gemeinsame Gehen.

ÜBUNG

DAS MAGISCHE VIERECK

Vier Hütchen, große Joghurtbecher oder Kegel markieren ein Viereck.

So geht's

1. Du setzt deinen angeleinten Hund an einem so gekennzeichneten Eckpunkt frontal vor dir ab, sprichst ihn auf dem linken Fuß an und öffnest über die rechte Schulter im 45-Grad-Winkel den Raum für euren gemeinsamen Weg nach rechts.
2. Unmittelbar danach verlagerst du dein Gewicht noch mal zurück zum Hund und sprichst ihn erneut an. Du machst also so etwas wie einen Wiegeschritt. Mit dieser zweiten Ansprache steigerst du die Aufmerksamkeit deines Hundes und verhinderst, dass er sich nach dem ersten Schritt schon aus der Orientierung an dir verliert.
3. Sofort geht dein Blick nah an dein linkes Bein, fließend weiter nach oben und nach vorne entlang der Wegstrecke zum zweiten Eckpunkt, zum dort platzierten Hütchen. Denk daran: Du nimmst es durch peripheres Sehen

1

2

3

1–3 Die Tasse symbolisiert die Leinenhand und zeigt deutlich, wie sie geführt werden muss, damit der Hund versteht, was der Mensch meint. Wer so am Magischen Viereck trainiert, ist gut für das Üben mit dem Hund an der Leine vorbereitet.

wahr, ohne dein parallel zum Boden ausgerichtetes Kinn in der Bewegung zu senken.

4. Kurz bevor ihr den nächsten Kegel dort erreicht, sprichst du deinen Hund wieder an: Oberkörper und Blick verlagern sich auf das linke Bein, hin zum Hund.

5. Dann öffnest du den weiteren Weg wieder mit der rechten Schulter, dem weiten Blick und dem rechten Bein bis zum nächsten Hütchen, dort wieder Ansprache wie gehabt.

6. Am vierten Hütchen endet eure Bewegung in perfekter Harmonie. Dafür bleibst du einfach stehen, gehst in die Hocke, führst deinen Blick in deine Körpermitte hinein und dein Hund folgt dieser Einladung, frontal ganz nahe zu dir zu kommen.

7. Fühlst du dich rechtsherum sicher, praktiziert ihr diese Übung natürlich auch linksherum, denn wer will schon einseitig bleiben?

Das magische Viereck ist dann stabil erarbeitet, wenn der Hund die jeweiligen Ansprachen an den Eckpunkten damit beantwortet, dass seine bereits vorhandene Aufmerksamkeit noch wächst. Die Leine bleibt dabei stets locker und ihr bewegt euch nahezu synchron im Gleichschritt. Eine gute Übung für die Leinenführigkeit in der großen weiten Welt mit reichlich Ablenkung drumherum. Und weil es hier zunächst um die Analyse deines Hundes und seines Umgangs mit räumlichen Zuweisungen geht, spielen Korrekturen gar keine Rolle. Das entspannt.

1

2

Da die Ansprache aus der Frontalen bereits trainiert ist, wird nun die Ansprache aus der Bewegung eingeübt.

1 Der bereits gut am Menschen orientierte Hund …

2–4 … wird mit Verlagerung zu ihm hin und Namensnennung daran erinnert, dass der Mensch das Gespräch fortsetzt und höchste Konzentration erwartet. Das wird mit deutlichem Schritt in seine Richtung untermauert.

DIE ZWEITE ANSPRACHE VERINNERLICHEN

Beim Gehen um die vier Ecken kannst du optimal an deiner zweiten Ansprache arbeiten. Vielleicht hilft dir, sie gedanklich mit der alltäglichen Situation zu verknüpften, zum Beispiel, wenn du aus dem Haus gehen willst und noch mal kurz überlegst, ob du Handy, Schlüssel und Geld eingesteckt hast. Dieses kurze Innehalten mit Gewichtsverlagerung zurück zur Wohnungstür überträgst du auf deine zweite Ansprache zum Hund hin. Die meisten Hunde verlieren sich zwischen Ansprache und Losgehen, verabschieden sich bereits nach deiner ersten Ansprache aus ihrer Orientierung am Menschen, schalten um auf Multitasking oder Smalltalk. So kann kein Gleichschritt entstehen. Das verhinderst du mit der zweiten Ansprache. Sie ist nicht gegen den Hund gerichtet, ist keine Korrektur, sondern erinnert ihn daran, sich mit erhöhter Aufmerksamkeit an dir zu orientieren. Diese gesteigerte Zuwendung nimmst du mit in deine weiterführende Handlung, indem du den Hund zum nächsten Hütchen leitest.

So geht's

1. Du hältst nach der ersten Ansprache kurz inne,
2. drehst deinen Oberkörper leicht ein wie beim Schulterblick,
3. dabei verlagerst du dein Gewicht zum Hund hin,
4. schaust ihn an und nennst seinen Namen.
5. Dann nimmst du deinen Blick raus, führst ihn zu deinem dem Hund zugewandten Bein und dann entlang der Strecke zum Ziel,

3

4

6. Kinn hoch, Schulter öffnen und weitergehen.
Übrigens: Die Bewegung nach der Ansprache, also die Öffnung zum nächsten Hütchen, ähnelt der Bewegung, mit der du eine Türklinke drückst und die Tür in einen neuen Raum öffnest, um das ganze Bild mal mit einer alltäglichen Handlung zu verbinden.

AUSGEBREMST?

Zögert dein Hund, dir zu folgen? Oft senken wir Menschen nach einigen Schritten ganz leicht unser Kinn, um zu kontrollieren. Darauf reagieren Hunde und bleiben etwas zurück, denn diese Veränderung deiner Haltung bremst den Vierbeiner aus. Bleibe sauber in deinem Ausdrucksverhalten. Die paar Meter von Eckpunkt zu Eckpunkt kannst du dich voll und ganz auf deine Haltung konzentrieren.

5

5 Offen und weich folgt das Tier dieser körpersprachlich intensiven Kommunikation auf dem gemeinsamen Weg.

1

FINETUNING OHNE HUND

Euer gemeinsames Gehen lebt von deinen kontrollierten, gleichbleibenden Bewegungsabläufen. Damit du die verinnerlichst und sich ein Automatismus in deinen wiederkehrenden Bewegungsabläufen etabliert, sind Mensch-Mensch-Übungen oder das Trainieren mit dir ganz allein sehr hilfreich. Um für das magische Viereck und den gemeinsamen Weg mit deinem Hund an lockerer Leine noch sicherer zu werden, kannst du zunächst allein üben. Deine Handfläche „simuliert“ dabei den Vierbeiner. Oder du leinst eine Freundin oder einen Freund an und gehst mit ihr bzw. ihm um diese magischen vier Ecken.

2

3

Frappierend wirkt oft, wenn du dich einmal führen lässt und Ansprache, Öffnung in Laufrichtung, zweite Ansprache und Einladung zum Ganz-nah-Rankommen aus dieser Perspektive erlebst.
Manche finden diese Rollenspiele albern, aber wer sich trotzdem darauf einlässt, bewertet sie danach meist als überaus wichtige Erfahrung. Spiel doch mal den eigensinnigen Vierbeiner, den ungeduldigen Menschen und spüre buchstäblich am eigenen Leib, was dabei passiert. Und erweitere deinen Vorrat an Reaktionen, wenn dich ein Mensch mit diesem gespielten Verhalten herausfordert. Wie fühlt es sich an, wenn du angeleint bist und von A nach B geführt wirst? Was brauchst du, um bereitwillig folgen zu können?
Du kannst es kaum noch abwarten und willst endlich mit der Arbeit am angeleinten Hund beginnen? Bleib geduldig und folge dem didaktisch sinnvoll aufgebauten Übungsprogramm weiter. Auf dem steht nun eine Übung ganz für dich allein.

4

5

1 Lass dich auf das Üben ohne Hund ein. Deine Hand symbolisiert den Vierbeiner, den du nicht weiter beachten musst. Du kannst dich voll auf deine Bewegungsabläufe konzentrieren.

2 Ansprache zum „Hund“ hin, mit Gewichtsverlagerung und Namensnennung.

3 Öffnung der rechten Schulter mit Kopfdrehen.

4 Klare Ausrichtung von Auge, Kopf, Oberkörper und Bein in die Bewegungsrichtung.

5 Orientiertes Gehen in Richtung deines nächsten Ziels.

ÜBUNG

DAS VIERECK ALS MENSCH-MENSCH-ÜBUNG

1

Nach Trockenübungen mit dir selbst, trainierst du mit Freunden, die sich wie du körpersprachlich schulen wollen. Ihr lernt euch dabei vielleicht sogar ein Stück weit neu kennen. Warum sollte das zwischen Mensch-Mensch anders sein als in der Mensch-Hund-Konstellation?

So geht's

1. Um beim Gang um die vier Ecken immer selbstverständlicher zu agieren, eignet sich diese Mensch-Mensch-Übung.

2. Vier Hütchen markieren das Viereck, jeweils nach etwa vier Metern positioniert.

3. Ein Mensch führt – hält also die Leine, der andere (als „Hund", also am anderen Ende der Leine) folgt.

2

4. Kurz vor jeder Ecke des Vierecks, immer vor dem Hütchen/Hocker/Kegel, erfolgt eine Ansprache.
5. Start mit Ansprache in der ersten Ecke.
6. Unmittelbar darauf folgt direkt eine zweite Ansprache, um die Aufmerksamkeit zu halten.
7. Kurz vor der zweiten Ecke, wenn die Markierung aus dem peripheren Sehen verschwindet, erneute Ansprache und ebenso an der dritten.
8. Kurz vor der vierten Ecke, an der gestartet wurde, beendest du die Bewegung, indem du dein Becken leicht vorschiebst, Füße parallel stellst und beim Anhalten wahrnimmst, ob das Lebewesen am anderen Ende der Leine gleichzeitig anhalten konnte.

3

1-3 Ein Trainingspartner kann dir optimal Feedback geben. Stimmen deine Bewegungsabläufe mit Ansprache, samt Verlagerung in den Raum, Öffnung über die Schulter in die Bewegungsrichtung und passende Augenführung zum Ziel? Wirkst du dabei trotz aller Klarheit und Deutlichkeit entspannt und freundlich?

Wenn du über die gelungene Übung freudig lächelst, spürt das dein Übungspartner.
Denke dran: Immer dann, wenn du dein Ziel – die Hütchen – mit dem peripheren Sehen nicht mehr erkennen kannst, ist es Zeit für Ansprache beziehungsweise zum Finale dann für das gemeinsame Anhalten.
Durch Solo-Übung, Mensch-Mensch-Übung und das Viereck-Laufen mit Hund im störungsfreien Raum bist du bestens geschult, um unterwegs bei eurer Morgenrunde eine Trainings-Einheit einzulegen. Für dein gedachtes Viereck kannst du dir Bordsteine oder Linien auf Parkplätzen suchen – dein Hund orientiert sich ja ohnehin ausschließlich an dir. Verlange nicht zu viel, drei, vier Wiederholungen reichen völlig.

DEN HUND LESEN

Der einzige Nachteil beim körpersprachlichen Miteinander besteht darin, dass du dein Tier nicht sehen kannst. Du weißt ja, wer heimlich gucken will, hemmt die Bewegung des Hundes, der den Blick ganz richtig deutet und als Begrenzung seines Raumes nach vorne versteht. Um das Ausdrucksverhalten des orientierten Hundes zu beurteilen – und dich im besten Falle daran zu freuen, wie weit ihr inzwischen miteinander im Einklang seid – kannst du gern Begleiter befragen, was sie wahrnehmen. Oder ihr macht ein kleines Video von den Sequenzen. Lass dich nicht irritieren, wenn Hundeohren leicht zurückgeklappt, die Rute nicht fröhlich schwingend auf 12 pendelt und dein Vierbeiner vielleicht sogar etwas kleiner wirkt als gewöhnlich. Eine gewisse Demutshaltung ist Signal der Orientierung am Menschen. Wenn wir als Mensch konzentriert sind, wirken wir häufig auch eher nach innen gekehrt. Bei Hunden ist dies auch zu beobachten, wenn Welpen von ihrer Mutter zu einer Handlung aufgefordert werden. Da wird eher nicht gestürmt, sondern sich aufmerksam bis vorsichtig herangetastet.

BESTENS GEEIGNET FÜR DEIN PUBERTIER

Bisher war euer Zusammenleben recht harmonisch, aber jetzt fordern euch die Hormone heraus. Als Welpe ist dein neues Familienmitglied bereitwillig an deiner Seite geblieben. In der Pubertät will es die Welt auf eigene Faust entdecken. Gerade in dieser Entwicklungsphase bietet euch das Viereck beste Bedingungen für die Stärkung der Orientierung. Für Junghunde kombiniere ich den Gang um die vier Ecken mit einem Futter-Angebot. Euer Ziel ist jetzt also nicht, das ganze Viereck zu laufen. Wie mit Flasche und menschlichem Gegenüber erprobt, sprichst du deinen Hund an, öffnest kurz in die Bewegung, hockst dich hin und freust dich, dass dein Junghund nah zu dir kommt. Du streichelst ihn mit der einen Hand und öffnest die andere Hand mit dem Futterbröckchen, das du natürlich erst nach dem Hinhocken aus der Tasche geholt hast. Das wiederholst du nun an allen Ecken – und über ein paar Wochen jeden Tag. Ansprechen, ein paar Schritte gehen, hinhocken, streicheln, füttern. Spätestens in der dritten, vierten Runde gibt es nicht mehr an jeder Ecke Futter, aber streicheln und freuen gilt dort weiterhin. Futter ist Verstärker für die Nähe, kein Lockmittel. Deshalb darf es nicht schon in deiner Hand sein, wenn ihr loslauft. Es kommt erst dann ins Spiel, wenn dein Hund nah bei dir ist und du es aus der Tasche holst. Diese Übung ist nicht geeignet für die Hunde, die wegen Futter jeden Respekt vergessen und bereit sind, in den Menschen hineinzubrettern.

1

2

3

1 Neige dich bei der Ansprache dem Junghund entgegen.

2 Öffne mit Augen, Kopf, Schulter und Bein, sowie der Leinenhand, den Weg zu dir.

3 Hock dich hin und schaue in deine Körpermitte.

5

4

4 Rahme kurz und sanft den Kopf des Hundes, der dir dabei im besten Fall ins Gesicht schaut.

5 Streichle deinen Hund freudig und hole in aller Ruhe das Leckerchen aus der Tasche. Streicheln und füttern gehören zusammen, deine Hand bleibt am Hund.

KONZENTRATION BRAUCHT DOSIERTEN STRESS

Stellvertreterkonflikte sind kleine Vorübungen, die dir helfen, gut vorbereitet und hoch konzentriert zu agieren. Nimmt dein Hund dich dabei als kompetent und verlässlich wahr, steigen die Erfolgschancen für seine Orientierung an dir im echten Konfliktfall. Konzentration braucht Anregung und Stress genau im richtigen Maß. Zu wenig Stress macht unaufmerksam, zu viel lenkt vom Denken ab. Damit Hunde konzentriert lernen können, brauchen sie bewusst arrangierte Situationen, die sich erst einmal ganz gleichbleibend wiederholen, bis der Hund verstanden hat, worum es geht. Erst danach wird die Situation verändert und mit anderen Inszenierungen gearbeitet. Und du erinnerst dich sicher: ein Übungsfeld bietet dir der Würfel.

HEMMUNG ODER ABBRUCH? NEIN DANKE!

Dein Hund hat die besseren Nerven und die größere Beharrlichkeit? Ihn immer wieder zurück in die Fläche zu führen, Schnauze, Rute oder Pfote konsequent im Würfel zu platzieren, reichen nicht aus? Da du ihm im Kern erklärt hast, was du von ihm erwartest, darfst du jetzt mit Interventionen reagieren. Erst dann – und das ist mir wirklich wichtig – solltest du auf dein Repertoire an Korrekturen zurückgreifen und sie feinfühlig anwenden. Bevor das Miteinander nicht verlässlich aufgebaut und das gemeinsame Tun nicht verständlich erklärt wurde, bringt es wenig, über Hemmung oder Unterbrechung einzuwirken. Um kompetent und wirksam einzugreifen, brauchst du – du ahnst es: Training. Dann gewinnst du auch die Souveränität, vorausschauend zu agieren.

WAS IST EIN KONFLIKT?

Hase oder Mensch? In dieser Situation prallen unterschiedliche Interessen und Forderungen aufeinander, im Hund findet ein (meist sehr kurzer) Kampf statt, bevor er sich für eine dieser beiden Optionen entscheidet.
Beim Widerstreit von Interessen entsteht ein Spannungszustand, weil unvereinbare Gegensätze eine Entscheidung erfordern. Im Alltag ist es ja eher selten der spurtende Hase, da reicht ein verlockender Duft, ein irritierendes Geräusch, ein lächelnd entgegenkommender Mensch, der interessante Artgenosse, um den Hund vor die Wahl zu stellen, in der Kommunikation mit seinem Menschen zu bleiben und dessen Regeln zu folgen, die intensiv eingeübten Vereinbarungen einzuhalten oder den Verlockungen zu erliegen. In diesem Sinne verwenden wir den Begriff Konflikt in diesem Buch.

AM TIMING FEILEN

Im Rollenspiel mit einem Zweibeiner kannst du stressfrei erproben, wie du antizipierend agieren kannst. Du beweist deine Handlungsfähigkeit, bevor dein Hund sich erfahrungsgemäß aus der Orientierung löst. Inzwischen ist dein Hund für dich vorhersehbar in seinem Verhalten. Darauf adäquat zu reagieren, übst du in Mensch-Mensch-Übungen. Die können durchaus Spaß machen und manchmal sogar zum Albernsein verführen, wenn dein menschliches Gegenüber mindestens genauso kreativ wird wie dein Hund, um die Orientierung an dir aufzuheben. So lernst du, je nach Kooperationsbereitschaft und Charakter dosiert die Intensität in deiner Ansprache zu variieren. Am menschlichen Übungspartner kannst du dich in deinem Repertoire an Hilfestellungen schulen – immer in der Erwartung, es möglichst gar nicht einsetzen zu müssen. Wichtig ist, auch bei der Ansprache oder einer Erinnerung an eure Vereinbarung kurz zum menschlichen „Vertreter“ zu schauen und dann prompt mit deinem Blick die Bewegungsrichtung vorzugeben. So braucht es ja auch dein Hund beim gemeinsamen Handeln. Also geht's um *„Du bist gemeint“* und *„Das werden wir tun“*. Am besten kurz unterbrochen durch

Wer vier Hunde so souverän an Außenreizen vorbeiführen kann, hat viel in das Einzeltraining investiert.

„Habe ich den Schlüssel dabei?“, also ergänzt durch die zweite Ansprache. In der Mensch-Mensch-Übung erfährst du von deinem Übungspartner, wie deine Ansprache gewirkt hat. War dein körpersprachlicher Ausdruck zu stark, zu schwach, genau richtig? Hast du korrekt in die folgende Bewegung übergeleitet, deinen Blick eindeutig geführt, auf einen Kontrollblick verzichtet? Erinnere dich: Wer führt, muss nicht kontrollieren.

Braucht dein Hund eine Erinnerung, dass er mit seiner Orientierung bei dir bleiben muss? Dann kannst du ihn mit deiner dem Tier zugewandten Hand kurz hinter der Schulter berühren.

Hat ein Hund wiederholt die Erfahrung gemacht, dass sein Mensch zum Beispiel ein „Fuß“ anordnet und sich dann im Nachgang an die Forderung immer wieder kontrollierend rückversichert, ob der das Kommando auch umsetzt, verlässt er sich wohl verständlicherweise eher auf die eigenen Kompetenzen statt auf eine solch widersprüchliche Führung. Da hinterlässt ein Mensch, der schon weiß, was sein Hund plant und ihn entsprechend rechtzeitig mit der unterbrechenden Hilfestellung daran hindern kann, seiner eigenen Idee zu folgen, natürlich richtig Eindruck und löst Nachdenken und Verhaltensänderung aus.
Reflektiere gemeinsam mit dem „Hund-Ersatz auf zwei Beinen“, was bei ihm jeweils passiert und nehme wahr, was sich bei dir tut. Durch das Formalistische der körpersprachlichen Ausdrucksformen wirst du befähigt, deinem Hund zu beweisen, wie verlässlich du kommunizieren kannst. Das gelingt, wenn du kompetent mit deinem Körper und seiner nachvollziehbaren Sprache umgehen kannst. Dein Hund bleibt an dir orientiert. Schau dir auf einem Video dabei einmal seine Augen an. Sie verändern sich ebenso wie sein Gangbild und häufig auch die Position seiner Rute. Alles fließt in ein lockeres Schwingen bei hoher Konzentration auf den Partner am anderen Ende der Leine. Ihr bewegt euch im Einklang. Das ist das Gegenteil von blindem Gehorsam. Es zeigt Vertrauen und Akzeptanz für den Menschen, der Orientierung bietet. Freue dich über dieses wunderschöne Zeichen eurer Gemeinschaft.

ÜBUNG

SCHULTERN BEWEGEN

Du hast die Rückmeldung bekommen oder auf einem Video gesehen, dass deine Schultern nicht immer eindeutig in die gemeinsame Bewegung einladen. Mit diesem simplen Test bekommst du ein Gespür dafür, wie du da verlässlicher wirst.

So geht's

1. Stehe im stabilen Stand.
2. Halte eine verkürzte Leine vor dir straff gespannt zwischen deinen gut schulterbreit gestreckten Armen.
3. Verlagere dein Gewicht nach vorne auf den linken Fuß (Überprüfe das so: Das rechte Bein kannst du ohne zu wackeln leicht anheben).
4. Öffne dich mit der rechten Schulter nach rechts, sodass die Bewegung deiner Füße ein Dreieck abbildet.
5. Die ganze Bewegung startet aus dem Oberkörper und mündet in den Füßen.
6. Bleibt die Leine gespannt, hast du die Rückversicherung, alles richtig gemacht zu haben, denn dann hat deine rechte Schulter die Bewegung korrekt geführt.

Was vielleicht kompliziert oder konstruiert klingt, ist unbemerkt fast tägliche Routine. Jeder von uns, der einen Einkaufswagen durch den Supermarkt bewegt, führt sie aus. Achte einfach mal darauf. Wenn der Einkaufswagen vor dir steht

1

1–3 Die zweite Ansprache, die aus der Bewegung heraus die Konzentration des Hundes erhöht, lässt sich optimal in einer Mensch-Mensch-Übung erproben. Damit wird der Richtungswechsel fair eingeleitet und das gemeinsame Gehen wird harmonisch entspannt bleiben.

2

und du möchtest ihn nach rechts bewegen, dann wirst du geradezu reflexhaft eine Verlagerung auf den linken Fuß machen, um dann den Einkaufswagen mit der rechten Schulter nach rechts öffnend zu bewegen. Und auch dein Blick ist in die Bewegungsrichtung gegangen, schließlich willst du sicher sein, dass deine Bahn frei ist.

EIGENES VERHALTEN REFLEKTIEREN

Zurück ans magische Viereck: Dein Hund zeigt dir bei eurem Gang um die vier Ecken, dass er es noch nicht schafft, eine ganze Runde um alle vier Eckpunkte konzentriert bei dir zu bleiben. Unfair wäre es, dieses Verhalten des Hundes zu korrigieren, wenn es durch dein Verhalten ausgelöst wurde. Fair ist, zu differenzieren, ob der Hund nur sein eigenes Interesse verfolgt und deshalb vorprescht, stehen bleibt oder hinterherdackelt oder ob du körpersprachlich noch nicht klar kommunizierst. Ein Dilemma der körpersprachlichen Arbeit ist es, dass man seinen Hund eigentlich nie sehen kann, denn wenn er gut mitmacht, läuft er auf deiner Schulterhöhe oder leicht dahinter. Du kannst also nicht erkennen, ob er tatsächlich korrekt mitläuft – du kannst es spüren, hören, an der lockeren Leine wahrnehmen und natürlich auf Videos sehen. **Den Kontrollblick musst du auf jeden Fall unterlassen, denn er löst immer Hundeverhalten aus.**

3

Deshalb ist es gut, ab und zu das Training mit der Kamera zu begleiten und/oder sich Feedback von einem aufmerksamen Beobachter einzuholen. Erst wenn du dir deiner exakten Körpersprache sicher sein kannst, solltest du über Interventionen in Richtung Hund nachdenken. Braucht er eine Hilfestellung, um deinen eindeutigen Anweisungen folgen zu können? Untergräbt das kluge Tier subtil deine Autorität, weil es die Erfahrung gemacht hat, dass du diese Diskussion mit ihm nicht zu Ende führst, sondern mit Ungeduld und Abbruch versuchst zu lösen?

Veränderungen erreichst du nicht im Schnelldurchgang, sie werden nicht durch zwei Mal üben erreicht. Ihr seid gemeinsam in einem Prozess, in dem Alter und Vorerfahrungen mit Nähe und Verbindlichkeit zum Menschen hineinwirken und berücksichtigt werden müssen. Also nicht nur am Ball bleiben, sondern auch achtsam mit den Grenzen deines Hundes umgehen. Vier bis sechs Wochen solltest du regelmäßig üben – ein, zwei Mal am Tag mit jeweils vier bis acht Wiederholungen. Wenn du merkst, dein Hund braucht immer wieder Erinnerungen oder Interventionen von dir, ist es besser, einen Schritt im Trainingsplan zurückzugehen und mehr an Kooperation, Verbindlichkeit und Nähe zu arbeiten. Damit stärkst du die Grundlagen und machst deinen Vierbeiner bereit für die nächsten Aufgaben. Was ist schöner, als zu erleben, wie dein Hund durchlässiger und weicher wird, empfänglicher ist für Nähe, freudiges Anschlussverhalten und Orientierung zeigt? Würdige eure kleinen Schritte und lobe nicht zuletzt dich, weil du dranbleibst.

WAS TUN, WENN'S NICHT KLAPPT?

INTERVENTION

Auch wenn sich der Hund bereits ein Stück weit nach vorne zum Außenreiz verloren hat, gelingt es mit der Intervention durch die Hand an der Schulter, ihn zurück in die Orientierung zu holen.

Hilfestellung

Trotz guter Vorbereitung kann es durchaus auch passieren, dass ein Hund sich nach außen verliert. Doch was dann, wie können wir ihn zurück in die Orientierung holen?

Clara oder Paulchen entscheiden sich gegen Kooperation und fragen nicht bei dir nach, sondern machen sich selbstständig. Sie verlieren den roten Faden eures Gesprächs, weil sie sich schnell ablenken lassen. Wenn dein Hund sich wiederkehrend so verliert, obwohl du an den Grundlagen intensiv gearbeitet hast, denkst du sicher über Interventionen nach. **Aber:** Bevor ich an Korrekturen überhaupt denke, setze ich zunächst auf Körperarbeit. Damit kann ich eine Bewegung so formen, dass sich ihre zwingende Logik dem Hund erschließt. Beim Engtanz habt ihr das bereits erlebt und ohne Außenreize eingeübt.

KÖRPERARBEIT FORMT BEWEGUNG

Dein Hund hampelt auf deine Ansprache hin oder beim Leinenritual vermeintlich lustig herum, stürmt beim Öffnen der Heckklappe aus dem Auto oder entwischt durch die Haustür? Heute ist der Tag, an dem du ihm unmissverständlich erklärst, was du von ihm erwartest: zuhören, dein Tempo annehmen. Halte seinen Kopf zwischen deinen beiden Händen, greife dafür rechts und links ins Halsband, atme gleichmäßig und bleibe gelassen. Zunächst geht es nur darum, zu halten, leicht über den Hund hinwegzuschauen, seinen Kopf ein Stück weit anzuheben und seinen Blick in Richtung deines Gesichtes zu lenken. Bleibe geduldig und lass dem Hund und dir die Zeit, eine Eigenbewegung des Tieres abzuwarten. Wird dein Hund weicher, präsenter, beruhigt er sich? Bleibe flexibel, absolut wohlwollend und passe den Moment ab, um dieses „Rahmen des Kopfes“ aus einer Entspannung heraus aufzulösen.

Unser Griff an die Schulter entspricht diesem leichten Zupacken mit dem Maul, wenn sich der aufgeregte Kumpel auf vier Pfoten nicht anders stoppen lässt.

Für den Anfang reichen ein paar ruhigere Zehntelsekunden. Bleibt die Energie beim Hund hoch, lasse ihn wie bei der Freigabe leicht nach hinten gerichtet los und biete ihm eine gemeinsame Handlung an. Ihr könnt etwa ein, zwei Schritte nach rechts machen und dann sprichst du die Einladung zum Näherkommen aus, indem du dich hinhockst, den Blick in deine Körpermitte führst und dann in Richtung rote Ampel lenkst. Frappierend, wenn dein Hund danach bereitwilliger Anschlussverhalten zeigt – so schlimm kann diese Körperarbeit mit deinem Halten also gar nicht gewesen sein.
Manch ein Tier konnte dabei zum ersten Mal überhaupt wahrnehmen, wie sein Mensch aussieht, wenn er etwas einfordert und souverän durchsetzt. Die Erkenntnis, dass sein Mensch das kann und ihm dabei wohlgesonnen bleibt, verändert oft nachhaltig.

Das Rahmen des Kopfes ist eine feine, wirksame Form der Intervention. Fair dosiert ist sie oft nachhaltig wirksam.

INTERVENIEREN, WIE HUNDE ES TUN

In den Handwerkskoffer für Interventionen packe ich nämlich genau das, was Hunde innerartlich praktizieren, um die Gemeinschaft zusammenzuhalten. Ganz ähnliche Interventionen, wie sie innerartlich zwischen Hunden praktiziert werden, wenden übrigens auch wir Menschen im Umgang mit anderen Menschen an. Entscheidend ist für mich stets die Frage: **Wohin soll eine Korrektur führen?** Effektiv war sie, wenn sie nachhaltig wirkt. Wenn ich immer wieder vor dieselben Herausforderungen gestellt werde, wird es höchste Zeit, eine andere Form der Hilfestellung zu wählen. Dabei geht es nicht um Steigerung in der Intervention. Häufig

»Sag deinem Hund: Das ist jetzt echt unhöflich von dir – und biete ihm eine sinnvolle Alternative an.«

wirkt ein Schritt zurück in die Grundlagen, in eine Trainingssituation mit weniger Konfliktpotenzial klärend. Das Ziel bleibt stets die Rückkehr in die Gemeinschaft, die Fortsetzung des Gesprächs mit dem Menschen. Sie muss die Folge solcher Eingriffe sein. Du willst deinem Hund ermöglichen, in die Kommunikation mit dir prompt wieder einzusteigen. Wer also Verhalten korrigiert, Grenzen setzt und durchsetzt, der braucht Sozialkompetenz und die zum Hund passende Maßnahme. Deshalb gilt es, deine Handlungsweise zu reflektieren, Energie auszutarieren und die wohlwollende Haltung beizubehalten. Du ahnst es vielleicht schon? Interventionen übst du zunächst in Mensch-Mensch-Übungen und dann mit deinem Hund in gestellten Konflikten, damit du deine Handlungsfähigkeit aufbauen, stabilisieren und nachweisen kannst.

DAS GILT IMMER

Interveniere wohlwollend, konstruktiv und angemessen. Jeder Korrektur folgt die Ansage: *„Und das wollen wir jetzt gemeinsam tun."* Zur Intervention gehört immer die Option. Wenn du eine Handlung unterbrichst – *„Das tust du nicht!"* – und dir die Orientierung deines Hundes zurückholst, bietest du ihm anschließend prompt die gemeinsame erwünschte Aktion an: *„Das wollen wir tun"*.

Den beiden „K's" Körpersprache und Kommunikation will ich ein drittes „K" zur Seite stellen: konstruktiv. Du willst letztlich Gespräche mit deinem Hund führen, die eure Gemeinschaft stärken. Häufig überwiegt beim Hundetraining der destruktive Teil, der Blick auf den Mangel, das Misslungene, der Missmut. Ja, auch diese Erfahrungen gehören zum Leben mit Hund. Welche lebendige Beziehung bringt keine Konflikte mit sich? Gut ist es, daraus zu lernen und Missverständnisse aufzulösen. So wird eine Gemeinschaft stabiler.

WOVON SPRECHEN WIR?

Intervention – Einflussnahme, Einmischung, Klärung, Schlichtung. Von lateinisch *intervenire* – dazwischentreten, eingreifen.
Korrektur – Verbesserung, Berichtigung, Richtigstellung. Von lateinisch *correctura*– „das zu Berichtigende", von *corrigere* – gerade richten, berichtigen. Ist allgemein eine nachträgliche Veränderung eines Objekts, die nur einen vergleichsweise kleinen Teil betrifft und als verbessernde Maßnahme dient.
Strafe – eine Sanktion gegenüber einem bestimmten Verhalten, das im Regelfall vom Erzieher, Staat oder Vorgesetzten als Unrecht bzw. als (in der konkreten Situation) unangemessen qualifiziert wird. In der Lerntheorie wird Strafe oder Bestrafung in zweierlei Form benutzt, als positive und als negative Strafe, und bezeichnet einfach das Gegenteil von Verstärkung. Hier bedeutet positive Bestrafung, dass auf ein bestimmtes Verhalten als Kontingenz ein unangenehmer Reiz (z. B. sozialer Druck) folgt. Negative Bestrafung bedeutet, dass auf ein bestimmtes Verhalten als Kontingenz ein angenehmer Reiz (z. B. Nahrung, Belohnung) verhindert/versagt bzw. weggenommen wird. (Feddersen-Petersen 2008, 2013)

WOHIN FÜHRT DIE KORREKTUR?

Meine Arbeit mit Menschen und ihren Hunden ist darauf ausgelegt, das freundlich-zugewandte Miteinander aufzubauen und die Orientierung am Menschen verlässlich zu etablieren. Wenn auf dem Weg zu diesem Ziel Korrekturen/Hilfestellungen notwendig werden, dann geht es mir ausschließlich um angemessen dosierte Interventionen, die nachhaltig wirken.

Korrektur macht nur Sinn, wenn der Hund dadurch in die Kommunikation mit seinem Menschen zurückkehrt.

Ist der Mensch auf 180, weil etwa Gefahr droht, das Verhalten des Tieres ihm peinlich ist oder er einen schlechten Tag hat, sind Einwirkungen meistens ungerecht, für das Tier irritierend und

1

2

1 Volle Orientierung auf den Leckerli-Teller.

2 Mit dem Griff an die Schulter erinnerst du ihn an die Absprache mit dir.

nahezu immer ohne übertragbare Wirkung. Zudem ist die Gefahr groß, dass dein Hund dich als willkürlich handelnd wahrnimmt, was eine vertrauensvolle, stabile Gemeinschaft stört. Deshalb macht es Sinn, sich Schritt für Schritt in Mensch-Mensch-Übungen und inszenierten Stellvertreter-Situationen mit Hund zu schulen, damit Theo oder Fine verstehen können, was in Ordnung ist und was nicht. In diesem niedrigschwelligen Bereich kannst du das Tier von deinen neuen Fähigkeiten überzeugen. Wer die Kompetenz zeigt, die Gemeinschaft aufrechtzuerhalten und gegebenenfalls wiederherzustellen, wird ernst genommen.

Die Art der Korrektur bestimmt der Hund

Viele Hunde haben noch nie erfahren, dass der eigenmächtige Austritt aus der Gemeinschaft Folgen hat. Sie warten vergeblich auf das eindeutige *„Lass das"* und das darauffolgende *„Lass uns stattdessen dies tun"*. Und viele Menschen haben das Spektrum an Korrekturmaßnahmen weder kennengelernt noch ausprobiert, um das für sie passende Interventionsmuster zu perfektionieren. Im Training hast du die Chance, die passende Intervention für dich und deinen Hund zu finden. Die Art der Korrektur wird dabei von deinem Hund mitbestimmt. Du lernst beispielsweise, zu erkennen, dass bei aktiven und lang im Konflikt bleibenden Vierbeinern eine schnelle Korrektur kaum ankommt und fast nie nachhaltig wirkt. Diese Hundetypen brauchen meist eine Intervention, die anhält, damit sie ankommen kann. Ganz wichtig ist mir, im Konfliktfall nicht umzulenken. Wer da mit Futter winkt, vermeidet eine grundsätzliche Klärung und den Lerneffekt, den Interventionen stets haben sollen. Ein wirklich am Menschen orientiertes Anschlussverhalten nach der Futtergabe zu erreichen, ist nahezu illusorisch.

3

4

3 Er wendet sich prompt seinem Menschen zu.

4 Der knüpft an das Prinzip Nähe an und kann den Hund vom Futter wegführen.

1 2

Aber genau diese Bereitschaft zum Anschluss ist entscheidend, um die erstrebte Gemeinschaft wiederherzustellen. Dafür braucht es das Verständnis und die Erfahrung beim Hund, wie gut es tut, Teil eurer Gemeinschaft zu sein. Anschlussverhalten muss er also auf vielfältige Art und Weise bereits unabhängig von Ablenkungen als beste Wahl kennengelernt haben. Der Weg dahin muss außerhalb eines Konfliktes erarbeitet werden. So erwirbst du dir als Gestalter eurer Gemeinschaft Kompetenz und kannst glaubwürdig vermitteln, dass Orientierung des Hundes am Menschen immer höchste Priorität hat.

Nach der Intervention folgt immer die Option, in die Gemeinschaft wieder einzukehren.

Teste die dargestellten Interventionen in einer Mensch-Mensch-Übung. So findest du heraus, was du kannst, was zu dir passt, wie du mit deinen Emotionen umgehst, um zu einer wohlwollenden Bestimmtheit zu kommen. Egal welche Intervention du ausführst – bleibe im gleichen Bewegungsmuster wie sonst, stabil im Oberkörper und ohne Kontrollblick.

INTERVENIEREN – ABER WIE?

Wie unterbrichst du ein unerwünschtes Verhalten deines Hundes und holst dir seine Aufmerksamkeit zurück? Du hast einige Möglichkeiten, seine Orientierung zu dir zurückzuführen.

Ansprache – mildestes Mittel und das, was am Ende im Regelfall ausreichen soll.

Ansprache mit zeitgleichem Antippen – in manchen Situationen und für einige Hundetypen reicht es, das Tier mit den Fingerspitzen im Schulterbereich anzutippen, so wie Hunde es untereinander mit der Schnauze praktizieren. Wie immer hast du die Leine in der vom Hund abgewandten Hand, verlagerst dein Gewicht auf das dem Hund nahe Bein und bringst deine Hand mit gestreckten Fingern an seinen Körper, möglichst in den Bereich knapp hinter seiner Schulter. Dein Blick geht nur kurz zum Hund und dann in eure Bewegungsrichtung. Dieser kleine Impuls reicht im besten Fall: Der Hund dreht seinen Kopf und schaut zu dir hoch. Einem so orientierten Vierbeiner kannst du gut erklären, was ihr jetzt gemeinsam tun werdet.

3

1 Antippen hinter der Schulter.
2 Auflegen der flachen Hand hinter der Schulter.
3 Halten von Fell und Haut.
4 Ziel: Rückkehr in die Kommunikation.

4

Auflegen der flachen Hand, mit sanftem Druck im Bereich hinter der Schulter – die damit einhergehende Wärmeausstrahlung ist die Analogie zum Verhalten der Mutterhündin, wenn sie die Schnauze am Welpen auflegt, wieder wegnimmt und damit Wärme entzieht, was den Kleinen animiert, den Weg zur Zitze zu finden.
Aufstampfen – darin lässt sich eine gewisse Parallele zum abgewandelten Mäusesprung erkennen, der nicht bei allen Hundetypen vorkommt, aber bei manchen Hütehunden im korrigierenden Umgang mit „ungehorsamen" Schafen zu beobachten ist. Mit deinem dem Hund zugewandten Bein stampfst du kräftig auf. Diese Irritation löst im besten Fall den Hundeblick in dein Gesicht aus und du formulierst körpersprachlich sauber deine Entscheidung, die Seite zu wechseln, umzudrehen oder stehen zu bleiben.
Auf den Oberschenkel oder an die Brust schlagen – wenn dein Hund links neben dir geht, du die Leine also wie immer in der rechten Hand hast, schlägst du mit der flachen linken Hand auf deinen linken Oberschenkel oder an die Brust. Geräusch und Energie dieser Intervention führen dazu, dass dein Freund auf vier Pfoten zu dir schaut und offen ist für die Information, was ihr jetzt gemeinsam tun werdet.

Ins Fell greifen – der Bereich des Schultergürtels ist dabei dein Ziel. Dort greifst du Fell und Haut und hältst es. Darauf folgt (meist) die Öffnung des Hundeblicks nach hinten. Dies ist eine der effektivsten Interventionen, gerade bei schnellen und lang anhaltend im Konflikt bleibenden Hunden. Dafür bitte nie die Hüftfalte ansteuern, denn das erzeugt einen Abwehrreflex. Also immer hinter der Schulter ins Fell greifen.

So geht's: Verlagerung auf das dem Hund zugewandte Bein und aus der offenen Handfläche ins Fell an die Schulter greifen und halten. Das Fehlerpotenzial bei dieser Technik ist hoch. Vermeide es unbedingt, den Hund zu kneifen – es geht um das Halten. Also halte die Fellfalte, die du gegriffen hast, und baue dabei ein Spannungsfeld auf. Bleibe drin, ohne zu ziehen, lass dem Tier Zeit, darauf zu reagieren und schlage ihm ganz ähnlich wie beim Engtanz ein passendes, alternatives Bewegungsmodell vor. Deine Leinenhand kann durch Spannung (kein Ziehen!) auf der Leine zusätzlich die Blickrichtung des Hundes zu dir verdeutlichen.

Leinenimpuls – das ist die Ausnahme vom selbst gesetzten Anspruch, bei Interventionen auf das Verhalten von Hunden in ihrer innerartlichen Kommunikation zurückzugreifen. Damit diese Korrektur fair, verständlich und nachhaltig wirksam ist, musst du gerade diesen anspruchsvollen Ablauf sorgfältig üben. Greife die Leine von unten wie eine Kaffeetasse mit deiner vom Hund abgewandten Hand. Sowie Spannung auf die Leine kommt, weil dein Hund den zugewiesenen Raum überschreitet, greifst du mit der anderen Hand von unten unter die Leine und setzt einen Impuls nach oben, schlägst also die Leine fein dosiert dynamisch hoch. Dieser Moment des Impulses in der Leine nach oben soll den Hund reflexartig zum Menschen schauen lassen. Wer den Leinenimpuls nutzt, muss sich sehr genau darüber klar sein, was er erreichen will. Um den Reflex zur Orientierung am Menschen beim Hund auszulösen, braucht es unbedingt den Impuls von unten

1

2

3

1 Der Hund verliert den Kontakt zum Menschen.

2 Mit der sanften Dynamik der Leine nach oben, …

3 … verlagert er seine Aufmerksamkeit zurück zum Menschen.

4 Nun orientiert er sich an die anschließende gemeinsame Bewegung, am körpersprachlichen Ausdruck des Zweibeiners.

4

nach oben mit der nicht leinenführenden Hand in die durchhängende Leine hinein. Wer eine fast gespannte Leine nach unten oder nach hinten reißt, schadet eventuell nicht nur der Halswirbelsäule, sondern fügt dem Hund einen Schmerz zu und verleitet ihn dazu, eher nach unten zu schauen. So bekommt kein Tier mit, was sein Mensch eigentlich vermitteln will. Das reflexartige Schauen zum Menschen nach dem Leinenimpuls von unten nach oben – wie auch nach allen anderen Korrekturvarianten – braucht unbedingt unverzüglich die Rückkehr in die körpersprachliche Kommunikation. Deine Aufgabe ist es, klar zu vermitteln, was jetzt gemeinsam Sinnvolles getan wird.

Wer gut beobachtet, sieht übrigens häufig Hunde, die sich ganz selbstständig immer wieder einen „Leinenruck" geben. Sie zerren und ziehen tagtäglich und das ist für sie offenbar nicht so unerträglich, dass es zu einer Verhaltensänderung – dem Aufhören mit dem Ziehen – führen würde.

Alle Interventionen musst du zunächst ohne einen konfliktbehafteten Zusammenhang ausprobieren. Reagiert der Hund dabei relativ entspannt? Fällt seine Reaktion heftig oder gar übergriffig aus, ist eine Beratung bei einem kompetenten Hundetrainer wichtig. Ein Maulkorb kann zusätzlich absichern.

Damit du handlungsfähig wirst und deine Hilfestellungen gut ankommen, brauchst du viele Wiederholungen. Die praktizierst du zunächst an einem anderen Menschen. Dabei kannst du lernen, Situationen gut einzuschätzen und angemessen zu handeln. Bitte verliere nie aus den Augen: Zielsetzung des Trainings ist es, dass bereits die Ansprache als Intervention ausreicht.

INTERVENTIONEN AM ZWEIBEINER ERPROBEN

Sicherlich kennst du einige der vorgestellten Interventionen aus deinem Alltag. Deine Tochter versinkt vor dem Bildschirm und bekommt deine Ansprache nicht mit? Du gehst zu ihr und tippst sie kurz an. Dein Sohn will die Straße überqueren und hat den Radfahrer übersehen? Du hältst ihn an der Schulter fest. Deine Freundin hört dir absolut nicht zu und du verzweifelst? Hast du dann schon mal mit dem Fuß aufgestampft? Wer Hunde in der Gruppe über die Wiese toben sieht, erlebt vielleicht sogar das eindrucksvolle Bild, wie ein kompetenter Vierbeiner den unbelehrbaren Junghund mit dem Maul an der Schulter ins Fell packt, ein Stück mitrennt und ihn schließlich stoppt.
Auch wenn dir das eine oder andere bekannt vorkommt, hilft es dir und deinem Hund, wenn du dir Zeit nimmst, alle Interventionsarten mit einem menschlichen Partner durchzuspielen. Baut euch das magische Viereck auf und lauft gemeinsam um die vier Ecken. Der Sparringspartner am anderen Ende der Leine darf vom rechten Weg spontan in unterschiedlicher Energie abweichen, damit du vom Antippen bis zum Leinenruck durchprobieren kannst, wie du welche Korrektur einsetzen willst und welche Wirkung der Mensch dir spiegelt.
Wie hat es sich angefühlt, die Interventionsmuster am Partner oder der guten Freundin auszuprobieren? Wie ging es dir, als du in der Hunderolle mit Leinenruck, Schultergriff oder aufstampfenden Fuß korrigiert wurdest? Sortiere dich, denn nun bist du mit einem gut gefüllten Handwerkskoffer voller erprobter Interventionsmöglichkeiten ausgerüstet und kannst zusammen mit deinem Hund erneut um das magische Viereck gehen.

UMDENKEN BEIM HUND ERREICHEN

Die tierische Aufmerksamkeit lässt nach? Schon tippst du deinen Begleiter an der Schulter an und er orientiert sich gern wieder an dir. Du weißt aus

1

Erfahrung, dass ein neben der Pylone platziertes Leckerli seine Aufmerksamkeit auf sich ziehen wird? Also wirst du proaktiv agieren und seine volle Orientierung durch ein Aufstampfen wieder zu dir lenken, bevor sie komplett verloren geht. Ist dein Hund bekanntermaßen superschnell, greifst du hinter der Schulter in sein Fell und hältst, baust die Spannung als Impuls für eine Bewegung in die vorgegebene Richtung auf. Kann der Mensch Situationen antizipieren, fühlen sich Hunde ertappt und entdecken bisher unbekannte Kompetenzen am anderen Ende ihrer Leine. Das löst im besten Fall ein Umdenken beim Hund aus. Dafür lohnt sich das vielfältige Üben.

1–3 In der Mensch-Mensch-Übung, mit inszeniertem Konflikt, kannst du den Griff an die Schulter ausprobieren. Hast du die Erfahrung gemacht, dass ein vorbeifahrender Roller deinen Hund aus eurer Verbindlichkeit lösen wird, kannst du ihn mit einer frühzeitigen Erinnerung daran hindern.

2

»Veränderung beim Hund beginnt mit Veränderung bei dir.«

3

ÜBUNG

ABLENKUNGEN INSZENIEREN

1

2

Du erinnerst dich: Leinenführigkeit ist letztlich nichts anderes als eine Raumzuweisung – allerdings in der Bewegung. Damit dein Hund diese Begrenzung durch deine Körpersprache immer selbstverständlicher annimmt, geht ihr am besten immer mal wieder zurück in den sogenannten Würfel (siehe S. 28).
Du willst einen Begleiter, dem du verlässlich einen Raum zuweisen kannst, egal welche Konflikte um ihn herum gerade spannend sind. Ihr habt schon regelmäßig geübt und eure Würfel-Spiele absolviert? Es war immer seltener nötig, dass du deinen Hund dabei die Rute herunterstreichen, die Schnauze zurückschieben musstest? Dann nutze die Würfel-Übung, um die Anforderung an das alternativlos verbindliche Einhalten deiner Raumzuweisung durch inszenierte Ablenkungen zu steigern. Konfliktsituationen können Käsewürfel oder Würstchen sein, aber auch Menschen.

So geht's

1. Eine Person streckt ihre Hand über den Hund im Würfel aus.
2. Jetzt hast du die Chance, deinem Hund zu beweisen, dass du ihn schützen wirst, indem du diesen „Übergriff" parierst und den Menschen wegschickst.
3. Dein Hund muss dabei natürlich im zugewiesenen Raum bleiben.
4. Diese Verbindlichkeit baut ihr durch Wiederholungen auf.

Bleibe ruhig und beharrlich, freue dich über die Chance, eure unterschiedlichen Sichtweisen auszudiskutieren. Hier kannst du das in aller Ruhe, während bei Lebensgefahr an der Bundesstraße oder vor den Augen des pöbelnden Nachbarhundes dein Puls wahrscheinlich zu hoch sein wird. Du kannst in der begrenzten Würfel-Fläche ausprobieren, welche Intervention bei deinem Hund nachhaltig wirksam ist. So lassen sich klärende Gespräche unglaublich gut führen und neue Verbindlichkeiten vereinbaren.

3

1–5 Auch im Würfel lassen sich gestellte Ablenkungen dafür nutzen, deine Kompetenz als Führungskraft zu untermauern. Du machst Eindruck bei deinem Hund, wenn du ihn in dem von dir zugewiesenen Raum vor Übergriffen anderer Menschen schützen kannst. Wichtig ist natürlich, dass nur du handelst und dein Hund gelassen bleibt. Deshalb geht dein Fokus allein auf den Konflikt, nie zu deinem Hund, der das als Aufforderung, mitzumischen, verstehen könnte.

4

5

Regeln bestimmen das Zusammenleben in der Gemeinschaft. Sie müssen verständlich sein, verstanden und durchgesetzt werden. Es geht um nicht mehr und nicht weniger als um das ganz exakte Einhalten einer abgesprochenen Situation. Das Hundeohr zuckt in Richtung Verlockung? Dann reicht vielleicht schon Ansprache mit Namen? Die Pfote überschreitet die Grenze? Dann tippst du deinen Vierbeiner an oder greifst ihm ins Fell, baust die Spannung so auf, dass er den Weg in die definierte Fläche zurückfindet. Einen Leinenruck wirst du sicherlich nicht anwenden müssen, außer dein Hund entwickelt eine entsprechende Dynamik im Verlassen des Würfels. Dann solltet ihr am besten erneut Grundlagenarbeit leisten.

Ziel der Übung

Ziel ist es, dass dein Hund ruhig bleibt und das Drumherum ausblendet.
Je öfter dein Hund in eurem Zusammenleben die Erfahrung gemacht hat, dass du deine Anforderung auf Ruhe und Verbindlichkeit resigniert und hilflos aufgibst, wenn er deine Raumzuweisung eigenmächtig aufhebt, desto mehr Zeit, Geduld und Entschlossenheit wird euer klärender

Dein im Würfel platzierter Hund signalisiert dir, dass sich von außen etwas Reizvolles nähert.

Mit deinem peripheren Blick nimmst du wahr, ob dein Hund eine Erinnerung an eure Vereinbarung (du bleibst in diesem Raum) braucht oder verstanden hat, dass du für solche Situationen allein zuständig bist.

Disput brauchen. Das bedeutet jedoch nicht, einmal zwei Stunden miteinander zu kämpfen, sondern diese Übung regelmäßig über mindestens vier Wochen täglich für etwa zehn Minuten in euren Alltag einzubauen.

KONFLIKTE INSZENIEREN, UM SICHER ZU WERDEN

Deiner Fantasie bleibt es überlassen, attraktive Konfliktsituationen zu inszenieren. Wenn ihr das am Würfel und dann in der Bewegung am Viereck erfolgreich praktiziert, wirst du sicherer für das Unverhoffte im richtigen Leben. Weil Hunde bereit sind, für das rennende Reh die Gemeinschaft aufzugeben, macht es keinen Sinn, erst in dieser Extremsituation korrigieren zu wollen. Kooperationsbereitschaft und Ansprechbarkeit sind in diesem vom Stoffwechsel bestimmten Modus aufgehoben. Wer vorher beim geringfügig scheinenden Austritt aus der Gemeinschaft 1 000 Mal keine Reaktion gezeigt hat, braucht jetzt nicht mit dem Fuß aufzustampfen oder sein Tier anzustupsen.

Deshalb solltest du beim Gang um eure vier Ecken Ablenkungen platzieren.

Der Vorteil: Ihr seid erfahren beim Gehen im magischen Viereck und du weißt, wo das Würstchen oder Spielzeug deinen Hund aus seiner Orientierung am Menschen locken wird. Also kannst du punktgenau auf die erarbeiteten Interventionen zurückgreifen. Und du hast die Erfahrung, welche Art der Hilfestellung deinen Vierbeiner in euer Gespräch zurückführt. Probiere aus, ob deine Intervention effektiv war und nachhaltig wirkt. Das Leckerli bleibt liegen, dein Hund zeigt das gewünschte Anschlussverhalten und bei der zweiten Runde verliert er sich gar nicht erst zum Objekt seiner Begierde. Genau das willst du beim Üben erreichen.

1

2

3

4

5

6

1–2 Das Interesse am Leckerli ist groß. Deshalb braucht Maalin eine Erinnerung daran, ihre Orientierung am Menschen auszurichten.

3 So wird der tierische Impuls, nach vorne zu gehen, unterbrochen.

4–5 Mit klarer Aufrichtung, Ansprache und Einleitung zur gemeinsamen Bewegung führt der Mensch weg vom Futter.

Ansprache auf dem Spaziergang

Im vertrauten Rahmen klappt es bereits gut? Dann verlege die Inszenierungen nach draußen. Mach dir die Mühe, vor dem Spaziergang mit Hund erst einmal alleine rauszugehen und das duftende Arrangement ein paar Meter entfernt von der Haustür zu platzieren.

7

6 Demutverhalten des Hundes ist in dieser Situation völlig angemessen.

7 Am Ende können beide harmonisch zusammenkommen.

– Hat dein Hund den Leberwurstduft schon in der Nase?
– Reicht deine Ansprache, um seine Orientierung zurückzugewinnen?
– Braucht er das Antippen oder den Griff ins Fell?
– Lässt er sich so am Konflikt vorbeiführen und bleibt auch danach körperlich und mental bei dir?
– Oder dreht er sich nach ein paar Schritten um und will nach „getaner Arbeit" nun doch die „Belohnung" abholen?

Dann war dein Mittel der Interventionswahl ganz offenbar noch nicht ausreichend und ihr müsst die Diskussion darüber, was deinen Hund so stark interessiert, dass er seine Orientierung an dir aufgibt, weiterführen. Das könnt ihr zum Beispiel auch tun, indem eine Bekannte wie verabredet entgegenkommt und mit Hundekeksen lockt. Welcher Hund möchte da nicht eigenständig entscheiden, mal kurz die Gemeinschaft zu verlassen und sich füttern zu lassen? Ein ideales Setting, deine Fähigkeiten zu klaren Ansagen, deutlichen Richtungsvorgaben und gegebenenfalls nötigen Eingriffen zu demonstrieren. Das wird vielleicht nicht gleich beim ersten Mal klappen, deshalb gilt auch beim Erproben von Interventionen im bewusst geschaffenen Rahmen: bleib dran. Allerdings braucht es hier besondere Sensibilität dafür, wann du zu viel willst. Tagelang immer wieder das Interventions-Handwerkszeug auszupacken, stumpft ab. Also lieber kreativ ganz verschiedene Anreize nutzen, die bekanntermaßen von der Orientierung an dir ablenken und dabei sicherer werden in der körpersprachlich formulierten Führung, die dem Hund vermittelt: *„Bleib bei mir"*, ist alternativlos, nicht nur in der Statik, sondern durch die Vorarbeit inzwischen auch in der Bewegung. Ihr arbeitet ja schließlich an der Leinenführigkeit. Damit diese selbstverständlich wird, trainiert ihr.

1

2

ZIEL ERREICHT?

Beim Intervenieren geht es nicht darum, Leckerli, den Nachbarn oder Radfahrer zu tabuisieren. Tabu ist, die Gemeinschaft eigenmächtig zu verlassen. Entscheidend ist deshalb, den Hund in seinem Verhalten dann zu unterbrechen, wenn er sich gegen die Orientierung an dir entscheidet. Ihr arbeitet daran, Hundeverhalten angesichts äußerer Reize zu regulieren. Wer damit anfängt, erhöht die Wahrscheinlichkeit für einen neutraleren Umgang mit Ablenkungen. Um deinem Hund in Reizsituationen beizustehen und als Vorbild glaubwürdig zu wirken, musst du Souveränität erlangen. Deshalb sind die Übungen mit dem Interventions-Handwerkszeug so wichtig. Bist du sicher in deinen Handlungen, bleibst du klar und orientiert, statt hektisch in den Konflikt hineinzuspringen und alles noch schlimmer zu machen. **Hunde lernen am Vorbild, beobachten den Umgang mit Konflikten am erwachsenen Hund innerhalb einer sozialen Gruppe oder natürlich in der Gemeinschaft mit dir.**

Dein Auftritt und deine Interventionen sind dann effektiv, wenn dein Tier sein unpassendes Verhalten einstellt und den Anschluss an seinen Menschen vollzieht. Dann kann er fokussiert mit dir weitergehen. Lässt sich der Hund nach hinten fallen, zerrt an die Seite oder zum Objekt seiner Begierde, hast du die falsche Intervention gewählt. Dann hilft es nichts, mit diesem Werkzeug immer heftiger zu werden, sondern es braucht eine andere Hilfestellung.

Lerne vorauszusehen, welche die passendere Intervention ist. Sie muss zum Hund und seinem Verhalten, seinem Energieniveau und seiner Beharrlichkeit ebenso gut passen, wie zu dir selbst. Nur wenn du authentisch bist, wird dein Eingreifen wie gewünscht wirken.

3

1 Braucht der Hund beim Gang um die vier Ecken eine deutliche Aufforderung, seinem Menschen zuzuhören?

2 Dann erinnert der Leinenimpuls daran, wahrzunehmen, was der Mensch körpersprachlich ausdrückt.

3 So können Mensch und Hund nahezu synchron weitergehen.

DEINE AUGEN FÜHREN

Dein Hund läuft an lockerer Leine neben dir, sein Blick geht seitlich hoch in dein Gesicht. Wie schön. Aber du weißt, gleich kommt die nächste Ablenkung, denn du hast zum Beispiel am magischen Viereck oder gleich vor dem Hoftor eine Scheibe Salami platziert. Dein Blick geht zur „drohenden Verlockung“, denn auch deine Augen folgen deinen Gedanken – und dein Hund folgt deinem Blick. Sei aufmerksam und ehrlich, um zu erkennen, ob du ihn mit deinem „Augen-Blick“ auf den Konflikt hingewiesen und seine Orientierung an dir damit aktiv beendet hast. Wer einmal am Longierkreis erlebt hat, wie ein in drei Meter entfernt sitzender Hund durch Ansprache zum Hund hin und Führung des menschlichen Blicks außen entlang am Kreis exakt diesen vorgezeichneten Weg gegangen ist und dort, wo der menschliche Blick nach oben gerichtet wurde, punktgenau anhält, wird an der Führungskraft der Augen nicht länger zweifeln. Umso wichtiger, gerade dieses Element der eigenen Körpersprache bewusst einzusetzen und den Blick noch nicht einmal vermeintlich klammheimlich schweifen zu lassen, wenn Führen und Folgen im Einklang sein sollen. Wenn ein gut gemeintes freudiges Lob nach hinten in das Hundegesicht hinein gesprochen wird, ist das besonders schade. Denn bei diesem Blick zurück blockt der Mensch durch seine Schulter- und Oberkörperdrehung das Tier und wundert sich, warum der Hund plötzlich nicht mehr auf gleicher Höhe spiegelbildlich mitläuft.

Vermeide den Kontrollblick

Halten wir unseren Blick auf dem Hund, irritiert ihn das. Manche schnuppern dann, andere lassen sich zurückfallen, weichen aus. Sie wollen dem Druck entgehen, den unser verweilender Blick beim Hund aufbaut. Wer schummelt und nur so tut, als ob er oder sie die Augen vom Hund weggeführt hat, kommt beim Vierbeiner damit nicht durch. Gerade dieser Kontrollblick löst Hundeverhalten aus, und zwar garantiert nicht das gewünschte, sondern eher das Vermeiden der Kommunikation mit dem Menschen. Besonders clevere Hunde wählen übrigens die Variante, nach vorne zu gehen, wenn ihr Mensch mit dem Blick bei ihnen verweilt. Das bringt den Menschen in ein Dilemma. Prescht der Hund vor, landet der Blick des Hundeführers unweigerlich auf der Hundeschulter und dieser Druck schickt ihn im Verständnis des Hundes noch weiter nach vorne. Also in dieser Situation auf jeden Fall mit freundlich-bestimmter Ansprache und klarer Formulierung des gemeinsamen Tuns den Hund zurückholen – ganz konkret und buchstäblich im Raum ebenso wie im übertragenden Sinne, auch mental an deine Seite.

1

2

1 Kein Problem, wenn nicht gleich alles gut sortiert losgeht.

2 Selbstkritisch wahrnehmen, wann der eigene Blick auf dem Hund verweilt und die Leine in beiden Händen gehalten wird.

3 Wenn es dann klappt, steht die Freude über das harmonische Gehen an lockerer Leine beiden ins Gesicht geschrieben.

3

MANAGEN STATT KORRIGIEREN?

Die Entscheidung, ob ein Hunde-Mensch in Interventionen geht oder lebenslänglich Handlungsmanagement praktiziert und beispielsweise nur mit Schleppleine unterwegs ist, sollte auf der Basis von Wissen fallen. Dafür braucht es die Erprobung, das Üben auf sicherem Terrain. Aufgabe des Menschen ist es, in jeder Lebenslage die Gemeinschaft von Mensch und Hund verlässlich zu schützen. Auch wer lieber einen Bogen schlägt oder umdreht, wenn eine Pöbelei an der Leine droht, handelt verantwortungsvoll. Eine gute persönliche Einschätzung und das Vertrauen in die Info, die vom Hund kommt, können überaus hilfreich sein. Unterschätzen wir nicht die Kompetenz der Hunde im blitzschnellen Analysieren von Situationen, sondern nutzen wir diese Fähigkeit. Es erweitert die eigene Kompetenz, die Denkprozesse des Hundes zu beobachten und seine strategischen Entscheidungen wertzuschätzen. Sagt dein Hund dir schon auf 20 Meter Entfernung, dass mit dem entgegenkommenden Artgenossen nicht gut Kirschen essen sein wird, kannst du dieser Aussage vertrauen. Und entsprechend vorausschauend handeln. Damit machst du Eindruck beim Vierbeiner. Und weil du eifrig trainiert hast, kannst du ihn auf deine andere Seite führen, gemeinsam umdrehen oder ein Stück zur Seite treten und ruhig warten. Dabei starrst du weder den Entgegenkommenden noch deinen Hund an, sondern zählst mal die Wolken und hast dank des peripheren Sehens dennoch alles im Blick.

VON WÖLFEN LERNEN: VERANTWORTUNG FÜR DAS RUDEL

Für mich verbindet sich die Hochachtung vor dem Ideenreichtum vieler Hunde („*Ich löse das ganz selbstständig jetzt so.*") mit der Enttäuschung darüber, wie wenig Zeit wir Menschen uns allzu oft für notwendige Diskussionen und klärende Prozesse nehmen. Deshalb lege ich so viel Wert darauf, die Basis der Beziehung in Mensch-Hunde-Teams in der Statik zu erarbeiten, um sie in der Bewegung fortführen zu können. Wie schön, wenn Interventionen auf diesem Fundament nur selten nötig sind. Und Leinenführigkeit dann keine Frage mehr ist.

Wölfe investieren viel Zeit und Energie, um ihrem Nachwuchs zu erklären, welche Regeln im Rudel gelten. Für die Heranwachsenden wird ein kompetenter Alt-Wolf abgestellt, der als Gouvernante fungiert, wenn das Rudel jagen geht und der Nachwuchs vom Zugucken lernen soll. Auch Mutterhündinnen und erfahrene Althunde inszenieren im Zusammenspiel mit ihren Artgenossen immer wieder Situationen, in denen sie dem Gegenüber unmissverständlich klar machen, dass heute und jetzt dieser Knochen, dieses Spielzeug, dieser Stock ganz allein ihnen gehört. Wie macht's die Hundemutter mit ihren Welpen, wenn er auf ihre Anweisung nicht reagiert? Sie wird das Kleine berühren, schlecken, den Kopf in die Bewegungsrichtung stupsen, eine kurze Berührung im Schulterbereich einsetzen.

Berührungen gehören dazu

Innerartlich ist es üblich, dass Hunde Hunde berühren. Warum ist es überartlich, im Zusammenspiel von Mensch

Reicht dein Griff ins Fell nicht, um deinen Hund angesichts des Rollers an die verbindliche Orientierung an dir zu erinnern, bist du mit dem Rahmen des Kopfes sicher erfolgreicher.

So wird die Aufmerksamkeit voll auf dich gerichtet und der Außenreiz ausgeblendet.

und Hund, zum Teil regelrecht verpönt? Und noch eine Beobachtung möchte ich allen Hunde-Menschen mitgeben: Eine Hundemutter geht nach der Korrektur nicht hin und bietet dem Welpen die Zitze an. Wer fühlt sich jetzt erwischt und hinterfragt das Verhalten, auf eine Korrektur „zur Versöhnung" ein Leckerli zu zücken?
Von den zunächst meist minimalen Interventionen der Vierbeiner – ein Blick, Ohrenspiel, Brummen, Lefzen hochziehen und Zähne zeigen – können wir Menschen uns mehr als eine Scheibe abschneiden. Dann werden das weitverbreitete Nach-Korrigieren oder gar ein hilfloses Nach-Locken überflüssig. Aus der Analyse des Hundeverhaltens werden wir proaktiv handeln und den überraschten – ertappten – Blick unseres Hundes ernten. Wer diese Sozialkompetenz mit unmissverständlichen Grenzsetzungen souverän zeigt, hat viel gewonnen: Zutrauen in die eigenen Fähigkeiten, Respekt beim Hund, Akzeptanz für Führung. Das erspart nervige Diskussionen an der Leine. Hat der Hund über das Mittel Intervention verstanden, was ich möchte, und ist wieder gesprächsfähig, greifen die Prinzipien von Verbindlichkeit und Kooperation. Dann heißt das bekannte Lösungsmodell *„Komm her zu mir, bleib nah bei mir und lass uns gemeinsam das Richtige tun"*. Intervention und formulierte Lösungsoption gehören zusammen. Immer! Wenn ich meinen Hund in einem Meter Entfernung anspreche, ist das eine Korrektur, eine Intervention, der prompt die klare Ansage *„Jetzt machen wir das"* folgen muss, damit der Hund die Sinnhaftigkeit anerkennen kann.

1

2

1 Um die Kooperation deines Hundes zu testen und aufzubauen, hältst du ihm in deiner geschlossenen Hand Futter vor, …

2 … das er erst dann bekommt, wenn sein Blick weg vom Futter, hoch in dein Gesicht geht.

ÜBUNG

DER KOOPERATIONS-CHECK

Nach diesem Ausflug in die Welt der Interventionen geht's zurück zur weiteren Stärkung eines entspannten Miteinanders. Um das zu beleben und abzusichern, widmest du dich dem Kooperationsverhalten deines Freundes auf vier Pfoten. Ist es groß, gelingt Orientierung am Menschen leichter als bei einem Freigeist. Das zeigt sich natürlich auch an der Leine, aber das weißt du sicher am besten. Du willst mehr über die Kooperationsbereitschaft deines Hundes erfahren und euer Zusammenspiel verfeinern? Dann lade ich dich ein, diese Übung in euer Programm einzubauen.

So geht's

1. Du sitzt auf einem Stuhl (bei kleinen Hunden auf dem Boden, bei sehr großen übst du es im Stehen).
2. Dein angeleinter Hund steht frontal vor dir.
3. In deinen beiden geschlossenen Händen hast du kleine Futterbrocken versteckt. Halte deine Fäuste dem Hund vor die Nase, damit er weiß, was du zu bieten hast.
4. Positioniere deine Hände dann stabil auf deinen etwa hüftbreit auseinanderstehenden Oberschenkeln. Dein Hund soll deine Fäuste möglichst nicht verschieben können.

3

3 Dann sprichst du deinen Hund mit seinem Namen an und öffnest die Futterhand.

5. Achte darauf, die Schultern nicht hochzuziehen.

6. Nimm deinen Blick weg vom Hund, leicht nach oben, um ihn im peripheren Sehen wahrnehmen zu können.

7. Beobachte ohne jede Einwirkung, wie dein Hund mit diesem Konflikt umgeht. Kommt er von allein auf die Idee, vom Konflikt wegzudenken? Schafft er es, dich nach der Lösung für seinen Konflikt zu fragen? Wie lange braucht er dafür, welche Alternativen probiert er aus?

8. Schaut dein Hund dir ins Gesicht, sprich ihn freundlich mit seinem Namen an, verlagere dich dabei gleichzeitig in seinen Raum und öffne die Hand mit Futter, und zwar die, die er nicht angetippt hat.

Es braucht vielleicht etliche Wiederholungen, bis dein Hund schnell und zuverlässig das Futter ignoriert und sich gleich an dich wendet. Ziel ist es, dass er dich direkt anguckt, ohne deine Futterhand auch nur anzutippen: Wenn du das Futter vor seine Nase hältst, schaut er schon fast gelangweilt hoch.

Mit dieser Übung öffnest du deinen Hund ein Stück weit für die Orientierung an dir. Er weiß, Futter vor der Nase ist ein Konflikt, den ich nur in Kooperation mit meinem Menschen lösen kann. Immer prompter schaut der Hund deshalb dem Menschen ins Gesicht. Er sieht dich dabei in einer stabilen Position, mit freundlichem Ausdruck und einer wohltuenden Klarheit. Hunde sind unterschiedlich schnell in der Lage, selbstständig auf die richtige Lösung zu kommen, die da heißt: Blick zum Menschen.

1

2

Um dieses Verhalten zu festigen, gehst du schrittweise dazu über, den Hundeblick länger zu halten, also erst nach ein paar Sekunden Abwarten das Leckerli anzubieten. Oder mit noch attraktiverem Futter zu arbeiten. Außerdem kannst du mit zunehmender Sicherheit auch die Rahmenbedingungen ändern, draußen oder unter Ablenkung üben. Damit kommt dein Hund in die Generalisierung des gewünschten Verhaltens, immer bei seinem Menschen nachzufragen, orientiert zu bleiben.

So geht's weiter

Du leinst deinen Hund an und positionierst Futter so im Raum, dass dein Hund es bei gespannter Leine gerade nicht erreichen kann. Nun darf dein Hund probieren ans Futter zu kommen, jedoch ohne erfolgreich zu werden. Mit ziemlicher Sicherheit wird er sein ganzes Repertoire an Konfliktverhalten zeigen. Das reicht vielleicht von: Ich schieße nach vorne, ich fange an zu bellen, ich mache dem Futter ein Spielangebot, über leichte Aggression bis hin zu kratzen oder knurren. Du bleibst einfach hinter deinem Hund im stabilen Stand mit peripherem Blick, hältst die Leine fest und wartest auf den Moment, in dem dein Hund vom Konflikt wegdenkt, sich nach hinten öffnet und zu dir schaut. Dann verlagerst du dich leicht in Richtung Hund, sprichst ihn an, führst ihn zum Futter und gibst es ihm aus deiner Hand. Das wird nicht gleich ruhig und gelassen ablaufen, muss es auch nicht sofort.

Ziel: Der Hund kommt selbstständig auf die Idee, bei seinem Menschen anzufragen, wie ihr mit dem Konflikt umgehen wollt. Er sieht in diesem Konflikt (anders als wahrscheinlich in manchen anderen Konfliktsituationen) seinen Menschen völlig stabil in der Situation stehen. Weder geht der Mensch in den Konflikt hinein, noch reißt er den Hund aus dem Konflikt heraus. So wird der Mensch zum

3

4

1 Platziere ein Leckerchen so, dass dein Hund es bei gespannter Leine gerade nicht erreichen kann.

2 Welche Strategien wendet er an, um an sein Ziel – das Futter – zu kommen?

3 Wann schaut dein Hund zu dir …

4 … und gibt dir die Gelegenheit, gemeinsam zum Keks zu gehen?

sicheren Hafen, zum Felsen in der Brandung. Der Mensch übernimmt Führung und geht gemeinsam mit dem Hund zum Konflikt, entscheidet, wann das Tier das Futter bekommt. Bei den ersten Versuchen wird selbst der flüchtige Blick des Hundes zurück zum Menschen bestätigt. Hat dein Hund also nur kurz geschaut, geht ihr gemeinsam zum Futter. Natürlich steigerst du die Anforderung mit der Zeit und der Hundeblick muss eindeutig und länger bei dir bleiben.

Die Erfahrung zeigt: Alle Hunde zeigen in den Wiederholungen das erwünschte Verhalten nicht nur schneller, sondern halten den Blick länger beim Menschen. Kombiniert dein Hund seinen Blick mit vehementen Aufforderungen, zum Beispiel mit der Pfote kratzen oder jaulen, darf er natürlich nicht zum Erfolg – sprich: zum Futter – kommen. Wenn dein Hund an dir hochspringt, ignorierst du das zunächst. Wenn das nicht reicht, fasst du seitlich mit beiden Händen ans Halsband, hältst ihn einen Augenblick in der von ihm gewählten Position auf zwei Beinen und leitest ihn dann ruhig in Richtung Boden.

Werfen erlaubt

Ideal ist bei dieser Variante der Übung, wenn eine zweite Person das Futter auslegt. Ist das nicht möglich, wirfst du das Futter selbst. Dabei ist entscheidend, den Hund nicht unter Hemmung zu setzen, also das Futter nicht unter (verbales oder durch Blockieren) Verbot zu stellen. Halte deinem Hund, der an der Leine neben dir ist, das Futter vor die Nase. Dann wirfst du das Bröckchen vor oder neben euch, ausreichend weit weg, dass der Vierbeiner es an der gespannten Leine nicht erreichen kann. Dein Hund darf nach vorne preschen, du hältst kommentarlos mit der Leine dagegen. Dein Hund darf zum Futter denken, das verhinderst du in diesem Falle ganz bewusst nicht. Es geht darum, dass er lernt, sich gedanklich selbstständig vom Konflikt zu lösen und kooperativ dir zuzuwenden, damit ihr die Situation gemeinsam meistert. Wenn er das schafft, sich vom verlockenden Futter ab- und dir zuzuwenden, geht ihr gemeinsam zur „Beute". Über diesen Lernerfolg darfst du dich dann ruhig gemeinsam mit ihm freuen. Setze die Übung bei euren Spaziergängen an der Leine in diversen Situationen um.

Wenn nichts passiert

Es dauert und dauert und immer noch kein Blick vom Hund zu dir? Deine Geduld ist reichlich strapaziert, du glaubst, dein Hund hat keine konstruktive Idee mehr. Verlagere dich ein wenig mit dem Oberkörper zu ihm hin. Schaue ihn dabei nicht an. Die meisten Hunde reagieren auf diesen Eintritt in ihren Raum mit dem Blick zurück. Der Stratege an der Leine hat eine andere Idee? Dein Hund legt sich hin und bleibt einfach liegen. Der Konflikt, das Futter, interessiert ihn offenbar überhaupt nicht. In dieser Situation kannst du deinen Hund ruhig ansprechen und bitten, aufzustehen. Dann geht das Spiel von vorne los – vielleicht baust du durch höhere Anspannung in deiner Muskulatur körpersprachlich gleich etwas mehr Interesse in Richtung Futter auf?

Noch ein bisschen steigern

Den Übungsaufbau kennst du nun. Jetzt wird weiter variiert. Auf den Blick des Hundes zurück zum Menschen folgt nicht das gemeinsame Hingehen zum Futter, sondern die Ansprache an den Hund und die klare Wegweisung vorbei am Futter. Dabei bleibt dein Hund orientiert

an dir, blendet den inszenierten Reiz aus, blickt auch nicht zurück, wenn ihr dran vorbeigekommen seid. Weitere Varianten können sein: Um das Futter herumgehen. Vom Futter weggehen. Dabei geht es ausdrücklich nicht um Tabuisieren. Die (innerliche) Aussage ist also gerade nicht „Das ist verboten", sondern die ebenso herzliche wie alternativlose Einladung, miteinander im Gespräch zu bleiben. Der Hund bleibt dem Menschen zugewandt und nimmt seine Koordinaten in der Führung kooperativ an.

MAN KANN NICHT NICHT KOMMUNIZIEREN

Ein Leben ohne Kommunikation ist schlicht undenkbar – längst wissen wir, dass sogar Bäume miteinander im Austausch sind. Als soziale Wesen sind Menschen genauso wie Hunde darauf angewiesen, Artgenossen und Wesen jenseits der eigenen Art zu vermitteln, was sie vom anderen brauchen. Wie signalisieren wir unseren Hunden, was wir von ihnen möchten? Klar, du sprichst mit deinem Vierbeiner und staunst, wie viele Worte er versteht. Du kannst ihn mit Gesten erreichen und so Handlungen auslösen. Viele Hunde-Menschen sind zutiefst davon überzeugt, dass ihr Hund sogar in der Lage ist, ihre geheimsten Gedanken zu empfangen. Die Wirkung der eigenen Körpersprache wird vielen dagegen erst dann bewusst, wenn sie sich durch kontinuierliches Üben in dieser ursprünglichen Form der Verständigung schulen. Körpersprache prägt das Zusammenleben von Lebewesen wie kaum ein anderer Kommunikationsweg. Wer das „Vokabular" gezielt einsetzt, bleibt gut im Gespräch.

Dir begegnet ein Mensch mit seinem Hund und ihr wollt entspannt plaudern? Dann sollten eure Hunde in der Aufmerksamkeit bei euch Menschen bleiben. Schaust du deinen Hund weder an, noch sprichst du ihn an, gibt es für ihn nichts zu tun. Ruhe ist angesagt.

Frappierend, wie ähnlich sich Mensch und Hund dabei sind. Auch wir Zweibeiner erfassen meist völlig unbewusst innerhalb von Sekunden unser Gegenüber. Oft nennen wir das Ausstrahlung, die wir als angenehm oder irritierend wahrnehmen. Diese Fähigkeit hat sich im Laufe der Evolution erhalten und verfeinert. Es spricht also viel dafür, dass sie biologisch überaus sinnvoll ist. Kein Wunder, sind Menschen – genau wie Hunde – doch hochsoziale Lebewesen. Bei allen Unterschieden verbindet uns das übereinstimmende Ziel, in stabilen Gemeinschaftsstrukturen leben zu wollen, mehr noch: leben zu müssen. Die Gemeinschaft ist die Garantie für das Überleben als Spezies. Das gilt für uns Zweibeiner genauso wie für unsere Vierbeiner. Damit können wir auf eine gemeinsame Basis für soziale Interaktionen zurückgreifen, über alle Unterschiede hinweg.

Einladung durch Blicke

Das erste Bemühen um Verständigung – und nichts anderes ist letztlich Kommunikation – geht sowohl beim Menschen als auch beim Hund von den Augen aus. Mit Blicken laden wir uns gegenseitig ein, grenzen uns ab – und Hunde tun das ganz genauso über ihre Augen. Wer jemals beobachten konnte, wie eine Mutterhündin mit eindringlichem Blick ihre aufgeregten Welpen zur Ruhe veranlasst, weiß sicherlich, wovon ich rede. Oder der Augenblick (warum heißt das wohl so?), in dem ein halbstarker 14-Jähriger sich mit dem Oberkörper leicht in Richtung seines Kontrahenten verlagert, sich Raum nimmt und sein Terrain „markiert", ähnelt doch absolut der Körpersprache – dem Kommunikationsverhalten – von Hunden untereinander, die zum Beispiel den Anspruch an ihren Knochen in dieser Art behaupten. Kommunikation ist kein Selbstzweck, sondern ein wichtiges Bindemittel für soziale Beziehungen. Auch weil menschliche und hündische Körpersprache über die Artgrenzen hinweg verständlich ist, haben Mensch und Hund zueinandergefunden, können sie gemeinsam durchs Leben gehen. Hunde können Körpersprache perfekt lesen und einsetzen. Für uns Menschen bleibt sie oft unbewusst. Höchste Zeit also, sich in dieser vermeintlichen Fremdsprache, die doch ein Geburtsgeschenk ist, zu schulen und sie konstruktiv einzusetzen.

VOKABULAR STATT KAUDERWELSCH

Immer wieder höre ich von Menschen mit Hunden die Erklärung: *„Ich mach das dann mal mit Körpersprache."* Sie

Abgelenkt vom Handy? Dann kommt der Griff an der Schulter genau richtig, um die Aufmerksamkeit zurück zur Gesprächspartnerin zu holen.

Gut miteinander im Gespräch, voll am anderen orientiert und zugewandt – so wünschen wir uns das auch zwischen Mensch und Hund.

übersehen dabei die Tatsache, dass ihr Körper immer spricht. Kein Wunder, wenn diese unbewusst bleibende Körpersprache beim Gegenüber auf vier Pfoten dann als Kauderwelsch ankommt. Bewundernswert, wie häufig Hunde die Kerninformation dann dennoch herausfiltern können. Damit dein Hund ohne Rumrätseln verstehen kann, was du meinst und deine Körpersprache der eindeutigen Verständigung dient, musst du ihr Vokabular lernen. Davon profitierst du übrigens auch im Kontakt mit Menschen. Vielleicht lohnt es sich, darüber nachzudenken, wie das Zusammenleben in dieser von Polarität geprägten Gesellschaft verändert würde, wenn wir das am Hund nun praktizierte höfliche Miteinander übertragen würden auf das konstruktive Gespräch von Mensch zu Mensch? Was könnte gesellschaftlich entstehen, wenn wir alle uns häufiger wieder freundlich ansprechen, ins Gesicht schauen und körpersprachlich offen zum Austausch auch kontroverser Positionen einladen würden? Menschen – oder besser Lebewesen – sind immer in Kommunikation, ob durch Sprache oder Körpersprache, ob durch Verhalten im Sinne von Taten oder Unterlassungen, bewusst oder unbewusst. Da sich Lebewesen immer in irgendeiner Weise verhalten, stehen sie stets in Kommunikation. Inzwischen hat sich in Neurobiologie und Kommunikationswissenschaften für dieses Phänomen der Begriff verkörperte Kommunikation bzw. embodied communication eingebürgert.

FIT FÜR DEN ALLTAG

Sicher in den Bewegungen

Bei euren Spaziergängen oder Erledigungen in der Stadt merkst du, dass es dir und deinem Tier immer besser gelingt, längere Strecken in deinem Rhythmus synchron zu gehen.

ÜBUNG

DER SEITENWECHSEL

Jetzt fehlt euch noch das körpersprachliche Vokabular für den wortlosen Seitenwechsel. Der hilft zum Beispiel, wenn Ablenkung auf euch zukommt und du zwischen deinen Hund und den Konflikt gelangen möchtest. Wichtig auch hier, deinen Blick erst zum Hund, dann hin zum Ziel zu führen. Du willst deinen Hund an lockerer Leine von deiner linken auf die rechte Seite führen?

So geht's

1. Leine in der rechten Hand, Hund links neben dir.
2. Blick und Ansprache zum Hund.
3. Verlagerung nach links, dein Blick und die rechte Schulter öffnen nach rechts.
4. Die Leinenhand beschreibt einen Bogen nach rechts vor deinem Körper.
5. Dein Hund folgt diesem Signal und deiner entsprechenden Augenbewegung.
6. Dein Gewicht geht vom rechten auf das linke Bein.
7. Dabei holst du die Leine in die linke Hand.
8. Blick geht nach oben.
9. Der Hund kommt rechts neben dir zum Stehen.

1

4

1–6 Euch kommt etwas entgegen und du willst deinen Hund lieber auf deiner anderen Seite führen? Dann formuliere das sauber körpersprachlich mit klaren Bewegungen. Übe entsprechend der „So geht's"-Anleitung, am besten zunächst einmal mit dir ganz allein und dann im ruhigen Ambiente mit Hund, damit du auch für den Fall der Fälle großer Ablenkungen gut gerüstet bist.

2

3

5

6

1 | 2

ÜBUNG

SICHER IM BEGEGNUNGSVERKEHR

Ihr seid auf einem engen Feldweg unterwegs und plötzlich kommen euch Menschen, Fahrradfahrer, andere Hunde entgegen? Beim Bummel durch die Fußgängerzone, beim Losgehen vor der Haustür – überall müsst ihr mit Begegnungsverkehr rechnen. Für deinen Hund kann das eine Irritation bedeuten, für deren Bewältigung du ihn nicht allein lassen solltest. Schließlich habt ihr die Vereinbarung, du führst, er folgt. Damit du für all diese Situationen gut gewappnet bist, starten wir wieder mit einer Mensch-Mensch-Übung. Du weißt ja, je klarer du dich bewegen kannst, desto einfacher wird die Kommunikation mit deinem Hund.

So geht's

1. Du brauchst für diese Mensch-Mensch-Übung vier beteiligte Menschen, also zwei Duos aus Mensch und „Hund“.
2. Das eine Duo steht am Start, das andere am Zielpunkt einer gedachten Linie, die ihr durch Pylonen oder Stühle markieren könnt.
3. Der Mensch führt den Hundestellvertreter jeweils an der Leine. Leine in der rechten Hand, „Hund“ links neben dem Menschen.
4. Blick und Ansprache zum „Hund“ wie bereits so oft praktiziert: Gewichtsverlagerung, Blick, Schulter und Bein öffnen in die Bewegung zum Losgehen.
5. Kurz bevor die beiden Duos auf gleicher Höhe ankommen, leichte Neigung des Menschen nach links, rechte Schulter öffnet nach rechts.
6. Die rechte Leinenhand führt vor dem Körper mit in einem Bogen nach rechts, der „Hund“ folgt diesem

3

4

1–4 So vorbereitet könnt ihr den Begegnungsverkehr souverän meistern. Ansprache, Öffnung der Schulter, Führung mit den Augen sind nach all dem Training inzwischen in Fleisch und Blut übergegangen und damit für den Hund klar nachvollziehbar, verlässlich wiederkehrend.

Positionswechsel, der zudem mit den Augen beschrieben wird.

7. Blick nach oben und der „Hund" sortiert sich rechts neben dem Führenden, sodass die Bewegung mit Ansprache wie gewohnt fortgesetzt werden kann.

8. Dabei werden die „Hunde" jeweils an der abgewandten Seite aneinander vorbeigeführt.

9. Oder der Mensch entscheidet, stehen zu bleiben, um einen kleinen Plausch zu führen. Also wird der „Hund" nach dem Seitenwechsel zum Sitzen aufgefordert.

Der Mensch trainiert sich, angemessene Entscheidungen für Begegnungen zu treffen. Dafür wechselt ihr natürlich jeweils auch die Rollen, jeder führt und jeder lässt sich einmal führen.

Aufgabe des Menschen ist es, die Umwelt wahrzunehmen und seinen Fokus nicht auf den „Hund" zu legen. Es gilt also, in der Bewegung nach oben zu schauen und peripher den „Hund" wahrzunehmen. Hast du die Erfahrung gemacht, dass dein Tier sich schnell verliert, wenn jemand frontal auf euch zukommt, erprobe in der Mensch-Mensch-Übung auch, deinen „Hund" rechtzeitig anzusprechen und einen kompletten Richtungswechsel zu vollziehen. Und welcher „Hund" braucht eventuell eine korrigierende Hilfestellung, um orientiert am Menschen zu bleiben? Auch das dürft ihr im Rollenspiel ausprobieren.

Führe enge Situationen bewusst herbei

In diesen bewusst herbeigeführten engen Situationen kannst du rechtzeitig vor der Konfrontation mit dem Entgegenkommenden den Wechsel des „Hundes" auf deine andere Seite erproben. Auch beim Anhalten zum Plaudern ist es sinnvoll, den Hund rechtzeitig auf die andere Seite zu führen. Das erleichtert dir, jederzeit zum Hund intervenieren zu können. Beim Losgehen brauchst du natürlich wieder die klare Ansprache – die Zeiten, in denen „Tschüß und los" galt und dein Hund dann an der Leine zusehen muss, wie er hinterherkommt,

Vier Hunde an lockerer Leine mit ihrem Menschen unterwegs in der Stadt – darauf arbeitet ihr hin, auch wenn ihr „nur“ einen Vierbeiner an eurer Seite habt.

sind doch definitiv vorbei. Daran kann dich dein menschlicher Übungspartner gern erinnern.
Begegnungen mit Unbekannten in engen Bereichen können den Puls durchaus hochtreiben. Deshalb ist es so wichtig, mit einem Menschen in aller Ruhe zu üben. Die dabei erworbene Sicherheit im körpersprachlichen Ausdruck hilft, sich auch unter Stress noch gut sortiert gemeinsam zu bewegen.
Es gibt Hunde, die kein Thema mit frontalen Begegnungen haben und auch das Vorbeigehen ruhig meistern. Vielleicht halten sie die Ruhe beim Warten dann schlecht aus? Lerne deinen Hund einzuschätzen. Und sei dankbar über die Info zum anderen Hund, die dein Vierbeiner dir durch sein Verhalten gibt. Du kannst seinem Impuls auszuweichen also rechtzeitig bereitwillig aufnehmen und dabei Führung zeigen. Wer so seiner Verantwortung für Sicherheit gerecht wird, sammelt Pluspunkte beim Hund. Wenn du die Erfahrung gemacht hast, dass dein Hund Wert darauf legt, zum entgegenkommenden Tier zu gucken, führst du deinen Blick besonders deutlich weg von diesem Außenreiz. Wenn der Hund mehr macht als nur zu gucken und eigenmächtig nach vorne gehen will, wird es Zeit für deine Erinnerung an eure Vereinbarung. Dank der Erprobung angemessener Korrekturen kannst du ihm klar vermitteln, dass du für seine Sicherheit sorgst und er sich nicht kümmern muss.

Der Blick zurück

Es gibt Hunde, die sich zwar gut vorbeiführen lassen, dann aber nach dem Passieren herumgehen wollen, also noch einmal gucken. Deine Aufgabe ist es, diesem Kandidaten dabei lediglich einen kurzen Schulterblick zu erlauben und klar in der Führung für euren gemeinsamen Weg zu bleiben. Hunde, die es unangenehm finden, wenn sie der Situation den Rücken zudrehen sollen, brauchen besonders deutliche Führung, also am besten schon mal höchst vorsorglich die zweite Ansprache einsetzen. Hunde, die den Raum zwischen euch und eurem Gegenüber vergrößern wollen, kannst du dieses Ausweichen in einem akzeptablen Radius gestatten.

Letztlich musst du einschätzen, ob es sinnvoll ist, einen großen Bogen zu machen oder kontrolliert vorbeizugehen. Dabei kommt es auf das Gegenüber genauso an, wie auf deine Erfahrungen mit deinem Hund.
Da du die Varianten für angemessene Angebote gut verinnerlicht hast, kannst du jederzeit situativ entscheiden, was ihr tun werdet: ein Stück seitlich rausgehen, abwenden, Seitenwechsel, stehen bleiben. All das sind Möglichkeiten, euer Binnenverhältnis zu überprüfen und die Stabilität eures Regelwerkes zu stärken.
Wenn sich dein Hund bei Begegnungen wiederkehrend verliert, solltest du das Thema nicht in der Situation bearbeiten. Um Sicherheit zu vermitteln, holst du ihn stattdessen zu dir ran und rahmst seinen Kopf, bis die „Gefahr" vorüber ist. Und du erkennst, dass ihr im häuslichen Bereich oder in ruhiger Umgebung zum Beispiel mit dem Engtanz mehr Sicherheit etablieren solltet.

Auch in der Dynamik zeigt sich die Gemeinschaft in stabiler Verbindung. So verlässlich am Menschen orientiert, darf der Rollerspurt zu fünft gewagt werden.

ANSPRUCHSVOLL: ALS GRUPPE UNTERWEGS

Du lebst mit mehreren Hunden zusammen? Dann hast du natürlich doppelt und dreifach Gelegenheit zu üben. Alle Elemente auf dem Weg zur Leinenführigkeit musst du zunächst einzeln mit jedem deiner Tiere üben und ausdiskutieren. Wenn mit jedem einzelnen alles gut besprochen ist, musst du in der Gruppe besonders eindeutig mit deiner Ansprache sein. Welcher Hund ist gemeint? Wenn du beispielsweise zwei rechts und zwei links führst, muss der Seitenwechsel für jedes Pärchen formuliert werden. Wenn unterwegs einer aus der Orientierung an dir aussteigt, überprüfe zunächst, ob er damit einer „Anweisung" seines Kumpels gefolgt ist. Dann weißt du, wen du zu korrigieren hast. Dafür braucht es neben der Schulung deiner Wahrnehmung und einer großen Dosis Feingefühl sehr deutliche Klarheit im *„Du bist gemeint"* und beim darauf folgenden *„Das werden wir jetzt tun"*.

ÜBUNG

DIE RICHTUNG WECHSELN

Welcher Weg geht immer schnurgerade? Es zieht ein Gewitter auf und du willst schnellstens nach Hause. Auch wenn du einer Konfrontation mit entgegenkommenden Reizen komplett ausweichen und lieber euren eingeschlagenen Weg zurückgehen willst, brauchst du die Fähigkeit, die Kehrtwende fein zu formulieren.

So geht's

1. Dein Hund geht auf deiner linken Seite an lockerer Leine, die in deiner rechten Hand ist.
2. Du entscheidest, euren bisherigen Weg zurückzugehen und leitest diese 180-Grad-Wendung ein, indem du den Vierbeiner mit Gewichtsverlagerung auf dein linkes Bein und Schulterblick ansprichst. Dein Blick geht hoch, dein Gewicht verlagert sich leicht nach hinten.
3. Leicht vorgeneigt öffnest du den Raum in deiner Körpermitte, damit dein Hund näher kommt.
4. Du sprichst deinen Hund erneut an und öffnest mit Blick und Schulter in die neue Bewegungsrichtung.

1

2

3

1 Alle Elemente des Sprachschatzes für den Richtungswechsel hat dein Körper parat: Ansprache zum Hund, …

2 … Raum öffnen zum Ganz-Nahekommen, …

3 … Wechsel der Leine in die andere Hand, …

4 … erneute Ansprache und …

5 … Öffnung in die neue Bewegungsrichtung – so klappt es bestens.

4

5

1 | 2

1–2 Hier bietet sich der Seitenwechsel für den Hund an.

IM ALLTAG ÜBERPRÜFEN

Wie hat sich euer Zusammenspiel an der Leine inzwischen verändert? Wie oft nutzt du bei euren Spaziergängen die Chance, die sichere Orientierung deines Hundes an dir als Führenden zwischendurch zu überprüfen? Du triffst einen Bekannten und ihr plaudert ein bisschen? Schön, wenn dein Hund dann dicht neben dir stehen oder sitzen bleibt, und zwar auf der Seite von dir, die du ihm zugewiesen hast. Es kommt euch jemand entgegen, der immer Leckerli für die Hunde anderer Menschen in der Tasche hat. Diesmal führst du deinen Hund rechtzeitig in deinen Nahbereich. Ideal wäre, wenn er sich dir jetzt aus eigenem Impuls zuwenden würde, ohne dass du ihn erneut ansprechen oder antippen musst. Du hast zudem die Möglichkeit, dem Hundefreund diesmal sehr klar zu sagen, dass du es nicht möchtest, dass er deinen Hund füttert. Dein Hund wird beeindruckt sein, dass du den entgegenkommenden Menschen aus eurem Raum verweist. Er sieht dich in einem neuen Licht, entdeckt eine unbekannte Qualität in seinem Menschen. Viele Hunde haben noch nie gesehen, dass der eigene Mensch führungskompetent ist, bereit und in der Lage, die eigene Gemeinschaft zu schützen. Ein solches Erlebnis kann nachhaltig wirken. Und machen wir uns nichts vor: Es wird immer Hunde geben, die versuchen, den Konflikt selbst zu

lösen. Egal, was du ihm gerade kommunizierst, er wird die Leckerli abholen gehen wollen. Nimm es wie den Besuch beim Zahnarzt: nur weil der diesmal bohren musste, hörst du ja auch nicht auf, die Zähne zu putzen. Vielleicht eher im Gegenteil, du intensivierst deine Bemühungen um deine Zahngesundheit. Um auf unserem Weg zum orientierten Hund zu bleiben ... du intensivierst eure Grundlagenarbeit im häuslichen Rahmen. Denn nur, wenn du die wichtigsten Vereinbarungen mit deinem Hund im Nahbereich verhandelt hast, wird er sich auch außerhalb eures Wohnzimmers an dir orientieren. Wenn du ihm deine Anforderungen gut erklärt hast, seid ihr bereit für ein Tänzchen an der Leine.

3

4

5

3–5 Bevor er sich nach vorne zum anderen Hund am Tisch verliert und eine Intervention nötig würde, führst du ihn von deiner linken auf deine rechte Seite und sprichst ihn dort für das entspannte Vorbeigehen noch einmal an.

ÜBUNG

EINLADUNG ZUM MITTELALTERTANZ

Ihr habt euren Rhythmus an der Leine gefunden, könnt mit Entgegenkommenden gut umgehen und deine Raumzuweisung, sprich Leinenführung, wird von deinem Tanzpartner auf vier Pfoten verbindlich angenommen. Seine Orientierung am Menschen ist gefestigt. Feiert das doch mit einem kleinen Tänzchen. Wie ein Tanz aus alten Zeiten wirkt es, wenn der Mensch seinem Hund körpersprachlich leicht, fast schon elegant, vermitteln kann: *„Du bist gemeint. Komm her zu mir. Komm nah zu mir. Geh mit mir dahin. Wechsele auf meine andere Seite. Lass uns nach links, nach rechts und ein Stück zurückgehen.“* Die bisher erarbeiteten Übungselemente fließen in diesem Mittelaltertanz, wie ich die Übung nenne, rhythmisch zusammen. Raum geben, Raum nehmen und neue Räume gemeinsam betreten. Dabei wird Leinenführigkeit zum Spiel.

So geht's

Im Prinzip geht es hier um folgende Elemente: Ansprache zum Hund, Blick zum Ziel, Raum über 90-Grad-Schulterdrehung öffnen, gemeinsam an lockerer Leine gehen, vor der Wendung Ansprache, Verlagerung, öffnen, eindrehen, Hund zum Nahekommen einladen, ansprechen *„Komm her zu mir“*, Ansprache *„Komm nah zu mir“*, Ansprache „Richtungswechsel“. Das

1 Komm her zu mir, komm nah zu mir, bleib bei mir, lass dich nach links, nach rechts, nach vorne, nach hinten oder auf die andere Seite und in die entgegengesetzte Richtung führen.

2 Aus der Frontalen kann der Hund seinen Menschen komplett in all seiner Kompetenz wahrnehmen.

1

2

ist die Königsdisziplin und du kannst sie kreativ aufbauen, wie es dir gefällt. Hauptsache es macht euch Freude und bleibt spielerisch.
Die Bewegungen sind vorher alle geübt, es verändert sich jetzt die Perspektive. Was bleibt, ist immer die Verlagerung zum Hund bei der Ansprache, die Öffnung in den Raum, der Blick dahin, wo du deinen vierbeinigen Tanzpartner hinbewegen willst. Wenn du das Grundprinzip verinnerlicht hast, jemanden da anzusprechen, wo er ist, und wenn du in der Ansprache weißt, wohin du den anderen bewegen oder mitnehmen willst, funktioniert das geradezu traumtänzerisch. Diese Übung ist die Einladung zum spielerischen Umgang mit den erarbeiteten Übungselementen. Manch einer hat dabei Übereinstimmungen mit den Debütantinnen beim Wiener Opernball entdeckt, andere fühlen sich an ein Wasserballett erinnert. Hier zeigt sich, ob du inzwischen mit den Schultern denkst und nicht mit den Füßen. Traue dich, zu experimentieren. Was passiert, wenn du die Stimmung variierst, mal Stakkato tanzen willst, mal ganz albern wirst, mal Zeitlupe wählst. Je weniger du über die technischen Abläufe nachdenkst, desto mehr Raum ist für Bauchgefühl: Was braucht der andere jetzt? Welche Räume will ich öffnen? Dank deiner Schritt-für-Schritt erarbeiteten stabilen Technik in Sachen Körpersprache kannst du nun ganz viel für eure Gemeinschaft tun, ohne nachzudenken. Lasst euch auf das spielerisch-kreative Gestalten beim gemeinsamen Tanz ein.

3 Mit der zweiten Ansprache kann eine Erinnerung an die Verbindlichkeit folgen, die stets ausschließlich vom Menschen gelöst wird, wenn es die Situation erlaubt.

4 Ihr seid am Ziel – Leinenführigkeit gehört zu eurem Alltag.

3

4

1

2

PROBELAUF MIT MENSCH-MENSCH-ÜBUNG

Bevor du deinen Hund zum Tanz auffordern willst, such dir eine Versuchsperson auf zwei Beinen. Abläufe für den Mittelaltertanz lassen sich selbstverständlich sehr gut in einer Mensch-Mensch-Übung vorbereiten. Nutze dabei den Vorteil, dass dein zweibeiniges Gegenüber dir klare Rückmeldungen über deine Körpersprache und deine Mimik geben kann. Wirkst du unfreundlich und abweisend, weil du (noch) so konzentriert auf die Bewegungsabläufe bist? Das merkt auch dein Hund und lässt sich möglicherweise davon irritieren. Ein Lächeln spielt nicht nur um deine Lippen, bewegt nicht nur deine Gesichtsmuskulatur. Es wirkt in jede Zelle deines Körpers, prägt deine Ausstrahlung und kommt beim Hund an. Es ist ein Verstärker für das freudige Miteinander.

ÜBUNG

KOMM MIT IN DIE STADT

Vom „Tanzsaal" wechseln wir nun in den städtischen Alltag. Wie könnt ihr die erarbeitete Orientierung des Hundes am Menschen in dieser im wahrsten Sinne des Wortes reizvollen Umgebung halten? Auch in dieser Übung fließt alles bisher Erarbeitete zusammen.

So geht's

1. Dein Hund steht links neben dir.
2. Dein Blick geht geradeaus.
3. Die Leine ist in der rechten Hand
4. Ansprache wie erlernt: Hund mit Namen ansprechen, Gewichtsverlagerung, Führung mit dem Blick, Öffnung mit der Schulter, gemeinsam losgehen.

1–4 Eine Feedback-Runde durch eine Mensch-Mensch-Übung lohnt sich immer, zum Beispiel für den Richtungswechsel. Gemeinsam unterwegs und die Bewegung synchron stoppen, Ansprache auf dem linken Fuß, Führung mit der Leine und dem Oberkörper zum Eindrehen, erneute Ansprache und Leinenwechsel in die andere Hand und kurze zweite Ansprache, damit es auf eurem Weg gut weitergeht.

3

4

5. Du willst abwenden? Erneute Ansprache und vielleicht ist auch eine zweite Ansprache nötig.
6. Du möchtest ausweichen und ihr müsst einen Schritt rückwärtsgehen? Eindrehen zum Hund, einen Schritt nach hinten, Blick in deine Körpermitte als Einladung für den Vierbeiner, dir zu folgen. Blick rausnehmen, stehen bleiben. Richtung wechseln, ausweichen vor (gedachten) Ablenkungen, dabei fällt gar nicht auf, welches Übungsprogramm ihr beide gerade durchzieht.
Experimentiere mit der Deutlichkeit deiner Bewegungen und finde das angemessene Maß für euch beide. Je besser ihr schon aufeinander eingespielt seid und je beständiger dein Hund sich an dir orientiert, desto feiner kann deine Körpersprache werden.
Mit diesem Bummel vorbei an interessanten Schaufenstern, Duftangeboten aus der Gastronomie und wuselnden Menschen habt ihr eine ideale Ausgangslage für die Gesamtkomposition aller Übungen, also ein Repetitorium aller bisherigen Elemente.

SYNCHRON BEIM ANHALTEN

1. Mensch und Hund starten gemeinsam nebeneinander, nach ein paar Schritten dreht sich der Mensch zum Hund, weist ihm somit einen Raum zu und gibt das körpersprachliche Signal für das gemeinsame Anhalten.
2. Der Mensch nimmt seinen Blick nach oben raus, entkräftet damit die Lage, geht einen Schritt nach hinten, ohne Blick zum Hund ein Stückchen weg.
3. Hund bleibt in seiner Position, Mensch geht einen Schritt zur Seite, ohne den Hund anzuschauen.
4. Dann verlagert sich der Zweibeiner zum Hund und lädt ihn ein, mitzukommen.
5. Nach ein paar Schritten tanzt ihr den Mittelaltertanz und marschiert gemeinsam zum Ausgangspunkt zurück.
Ein harmonisches Bild, wenn der Hund dem Menschen die ganze Zeit zugewandt und die Leine locker bleibt. Am Ausgangspunkt führt der Mensch den Hund dann von rechts nach links wie in der Übung Seitenwechsel und alles kann von vorne beginnen.

1

2

3

4

5

6

1 Ihr seid miteinander in Bewegung.

2 Der leinenführende Mensch verlagert sich zum Partner, ….

3 … und nimmt seinen Blick nach oben raus.

4 Dann geht er einen halben Schritt nach hinten, …

5 … verlagert sich zum Partner für die Ansprache, …

6 … öffnet den Weg.

7 Gemeinsam können beide nun synchron weitertanzen.

7

Service

ZUM WEITERLESEN

El Ayachi, Sami & Renée Herrnkind: **Der zugewandte Hund.** Kosmos 2021

Engelstädter, Vanessa: **Resilienz beim Hund.** Kosmos 2022

Engelstädter, Vanessa: **Lass sie doch reden.** Kosmos 2024

Feddersen-Petersen, Dr. Dorit Urd: **Hundepsychologie.** Kosmos 2013

Feddersen-Petersen, Dr. Dorit Urd: **Ausdrucksverhalten beim Hund**. Kosmos 2008

Grote, Maren: **Hunde lesen lernen.** Kosmos 2022

Grote, Maren: **Hunde fühlen und anleiten.** Kosmos 2024

Herrnkind, Renée: **Was wir von Tieren lernen können.** Verlag Freies Geistesleben 2022

Lübbe-Scheuermann, Perdita: **Pfotenteam.** Fischer Sauerländer 2024

Mehl, Robert: **Die Psyche des Hundes.** Kosmos 2021

Skuban, Ralph: **Die Buteyko-Methode.** Crotona Verlag 2020

Ücüncü, Gülay: **Der gelassene Hund.** Kosmos 2019

UNTERWEGS IM NETZ

www.longieren-mit-hund.de

www.hund-stadt-mensch.de

www.facebook.com/renee.herrnkind/

www.komjun.de

www.fotografie-anna-auerbach.de

www.das-wunjo-projekt.de

www.ziemer-falke.de

www.tiere-in-not-odenwald.de

www.vanessa-engelstaedter.de

www.kosmos.de/de/korpersprachlich-arbeiten-video-kurs-mit-sami-el-ayachi_1900308_900308

DANKE

Meine größte Sorge: wen vergesse ich bei diesem großen Dankeschön? Alle Wegbegleiter:innen auf zwei Beinen und vier Pfoten sind mir wichtig und wertvoll, tief verankert in meinem Herzen. Ausdrücklich danke ich meiner wunderbaren Frau Jana, unseren großartigen Kindern Lia, Jonan und Noam für alles, was ihr seid und gebt sowie allen unseren Hunden für ihre unerschütterliche Präsenz. Es ist mir eine Ehre, vom Kosmos-Verlag um ein weiteres Buch gebeten worden zu sein. Der Prozess der Entstehung war fordernd und fördernd für mein Trainingsprogramm für Menschen und ihre Hunde. Viele Details konnten poliert und neu zum Strahlen gebracht werden, der Fokus auf die Leinenführigkeit ergänzt Bewährtes. Dieses ewige Lernen ist das größte Geschenk – hoffentlich auch für alle Lesenden.

Sami El Ayachi

Es gibt so viele Lebewesen, denen ich danke sagen will – ihr seid alle gemeint. Explizit nennen will ich diesmal Maalin. Nie werde ich vergessen, wie diese zugewandte Hündin noch halb verschlafen von ihrem Platz aus beobachtete, wie ich die von Sami per Sprachnachricht vorgeschlagene Tassenübung erprobte. Zwei Durchgänge sah sie sich meine Bewegungen mit dem Teepott an. Dann setzte sich Maalin mit gespitzten Ohren und erhobener Schnauze vor mich und drückte mit jedem Muskel aus: Zum Üben steh ich jederzeit zur Verfügung. Viel mehr Orientierung kann ich mir doch gar nicht wünschen, oder?

Renée Herrnkind

DANKE dem Hotel Restaurant Heyligenstaedt in Gießen und Silvia Meister von der Hundemeisterei Gießen für den passenden Rahmen für das feinfühlige Fotoshooting mit Anna Auerbach. DANKE allen unseren Models und organisatorischen Unterstützerinnen auf zwei und vier Beinen: Nicole mit Bruno und Hedi, Djarmila mit Paul, Gina mit Tilda, Paula mit Klara.

REGISTER

BILDNACHWEIS

222 Farbfotos wurden von Anna Auerbach/Kosmos für dieses Buch aufgenommen
Mit 18 Illustrationen von Femke Hägen (Umschlagklappen).

IMPRESSUM

Umschlaggestaltung von GRAMISCI Editorialdesign/Claudia Geffert, München, unter Verwendung von 5 Farbfotos von Anna Auerbach/Kosmos und 18 Farbzeichnungen von Femke Hägen.

Mit 227 Farbfotos und 18 Farbzeichnungen.

Alle Angaben in diesem Buch erfolgen nach bestem Wissen und Gewissen. Sorgfalt bei der Umsetzung ist indes dennoch geboten. Der Verlag und die Autoren übernehmen keinerlei Haftung für Personen-, Sach- oder Vermögensschäden, die aus der Anwendung der vorgestellten Materialien, Methoden oder Informationen entstehen könnten.

Unser gesamtes Programm finden Sie unter **kosmos.de.**
Über Neuigkeiten informieren Sie regelmäßig unsere Newsletter, einfach anmelden unter **kosmos.de/newsletter**

Gedruckt auf chlorfrei gebleichtem Papier

Pfizerstraße 5 – 7, 70184 Stuttgart
kosmos.de/servicecenter

ISBN 978-3-440-17851-5
Projektleitung: Ute-Kristin Schmalfuß
Redaktion: Hilke Heinemann
Gestaltungskonzept: GRAMISCI Editorialdesign/Cornelia Sekulin, München
Gestaltung und Satz: Atelier Krohmer, Dettingen/Erms
Produktion: Angela List
Druck und Bindung: Westermann Druck Zwickau GmbH, Zwickau
Printed in Germany / Imprimé en Allemagne

FSC www.fsc.org MIX Papier | Fördert gute Waldnutzung FSC® C110508

8

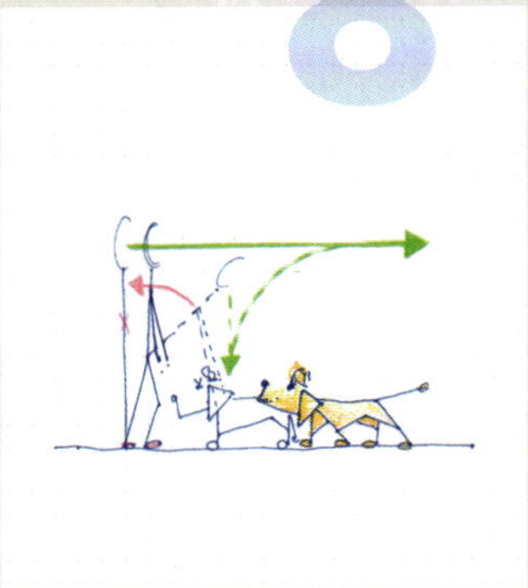

Freigabe ⟶ S. 38

9

Der erste gemeinsame Schritt ⟶ S. 52

10

Gemeinsam Anhalten (kein Stopp) ⟶ S. 53

11

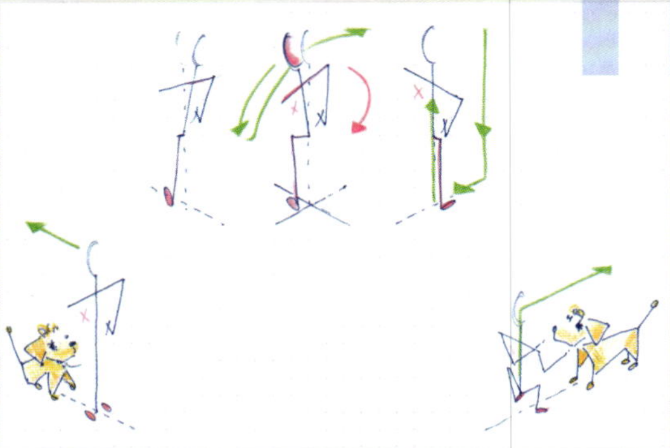

Nahes Heranführen ⟶ S. 56